高等院校应用型"十二五"纺织服装类系列规划教材

丛书主编　王瑞中

服装设计与综合实践

赵 青 编 著

U0247027

合肥工业大学出版社

图书在版编目（CIP）数据

服装设计与综合实践/赵青编著.—合肥：合肥工业大学出版社，2014.1

ISBN 978-7-5650-1645-5

Ⅰ.①服… Ⅱ.①赵… Ⅲ.①服装设计—教材 Ⅳ.①TS941.2

中国版本图书馆CIP数据核字（2013）第301678号

服装设计与综合实践

编　　著：赵　青	
责任编辑：王　磊	
装帧设计：尉欣欣	
技术编辑：程玉平	
书　　名：服装设计与综合实践	
出　　版：合肥工业大学出版社	
地　　址：合肥市屯溪路193号	
邮　　编：230009	
网　　址：www.hfutpress.com.cn	
发　　行：全国新华书店	
印　　刷：安徽联众印刷有限公司	
开　　本：787mm×1092mm　1/16	
印　　张：8.25	
字　　数：200千字	
版　　次：2014年1月第1版	
印　　次：2014年1月第1次印刷	
标准书号：ISBN 978-7-5650-1645-5	
定　　价：48.00元	
发行部电话：0551-2903188	

总　序

设计的关键在于创新，设计教育的目的之一是培养学生的创新能力。

本系列教材本着"培养精英型设计人才，致力于研究性教学"的理念，以知识创新为引领，追踪国际艺术与设计专业前沿，注重对学生全球视野与创新能力的培养，注重对学生专业技能和综合素质的培养；通过重构课程体系，改革教学方法，强化实践环节，优化评价体系，以培养具有自主学习能力、社会就业能力和创新精神的艺术设计人才；使学生的多种能力有更进一步的提高，也将会使得教学效果更加突出。

本系列教材，是将在教学中不断探索的具有前瞻性的教学理念、教学方法、教学内容、教学手段和教改思路，通过教材的形式展示出来，起到一定的示范作用。教材的内容既符合课程自身要求，又与社会实际需要相结合，与当今人才培养的要求相适应，具有强烈的时代感、突出的创新性和可操作性，使教学成果能够获得广泛的应用和推广，为高等院校艺术设计专业的研究和设计提供有价值的参考依据，为设计类教学课程体系的改革发展作出贡献。

本系列教材的编著者均是一直从事基础和专业教学的中青年骨干教师。他们积极参与设计学科的建设和设计教学的改革，具有很强的超前意识和勇于创新、探索的精神，充满活力，有很强的进取心和丰富的教学、实践经验。

本系列教材主要解决的问题是针对目前我国艺术设计和工业设计教育的研究比较薄弱的现状，立足于设计教育教学的探讨，从教学的理念、方法、内容、手段等方面进行新的尝试和探索。

1. 培养学生对造型基础设计形态和形式的综合理解，以及对材料的运用能力，发挥他们在基础设计训练的过程中，对于视觉形态新的观察和思考，摆脱既有形式法则的束缚，达到自主地观察、研究造型艺术领域中的创造性艺术语言形式的目的，激发学生的潜在艺术素养与造型能力，提高他们在设计过程中创新的表达能力和思维视角。

2. 本系列教材解决的是学生专业技能的训练，但并不是传统的知识灌输，而是将设计课题置于应用实践过程中，从而逐步掌握专业基础知识。在培养创新型的专业人才的前提下，课题化教学过程的实施，将传统的以教为主的教学模式转化为以研究为主的互动教学。提高学生学习的主动性，培养学生研究和解决问题的创新意识、方法和能力。使他们挖掘自己的创造潜能，不仅在构思阶段需要创造性，在如何学习，如何获得资源、组织资源、管理团队等方面都需要创造性发挥。

3. 加强基础知识与专业知识融会贯通。面对未来社会需要，本系列教材加强与专业化方向学习的紧密联系。专业化方向学习的重点是如何将融通的专业基础学习知识运用于设计的专业化方向。其目的是让学生自主学习、独立思考、体验过程，使学生在解决问题的过程中学到知识与技能，并运用这些知识与技能从事开发性的设计工作。

4. 注重对新技术、新媒体的综合开发和运用。将设计基础教学与新技术、新媒体的综合开发和运用相结合，为设计基础教学体系注入新鲜血液，探索用各种材料、多种表现手法、多媒体进行多层次的综合表现，开发新的组织构思方法。

5. 将传统美的培养方法与创造美的心智感化过程相结合，让学生从生活中去发现美、感受美，从而达到自觉进行美的知识训练，提高专业审美鉴赏力。本系列教材尝试构筑开放性的基础教学体系，加强多个层面造型要素与形式相互的延伸、渗透和交叉的训练，在认识造型规律的同时，进行形态的情理分析、意象思维训练和艺术感染力、审美意趣、精神内涵的表现，注重增强基础知识和专业知识的连贯性、延展性、共通性，使基础教学更具自觉性和目的性，在更广泛的领域中和更丰富的层次上培养学生对形态的创造能力和审美能力。

6. 教师要在专业课程的教学中，通过对专业理论的系统性学习和研究，在设计实践中充分发挥设计的功能和媒介作用，体现人的心理情感和文化审美特征，尝试更丰富、更新颖的设计表现形式和方法，使专业设计更好地发挥作用，培养能够快速适应未来急剧变化社会的复合型人才；培养学生具备更为全面的综合素质，积极回应未来社会对于复合型人才的需要；注重学生的创新性思维和实际动手能力的培养，注重实践与理论的结合、传统与前沿的结合、课堂和社会的结合；重创意，重实践；培养学生从需求出发而不是从专业出发，从未来的需求出发而不是从满足当前的需求出发的思考方式；逐渐从应对设计人才培养转向开发型设计人才的培养，从就业型人才培养转向创业型设计人才的培养。

在本系列教材的编写中，把握艺术设计教育厚基础、宽口径的原则，力求在保证科学性、理论性和知识性的前提下，以鲜明的设计观点以及丰富、翔实的资料和图例，将设计基础的理论知识与设计应用实践相结合，使课程内容与社会实际需要相结合，与当今人才培养的要求相适应，既符合课程自身要求，又具有前瞻性内容。通过强烈的时代感和突出的实用性，使本系列教材具有可读性和可操作性。教材将大量选用相关优秀作品，并安排自由发想、草图方案和设计方案的创意，以及材料的加工制作，让读者清晰地了解造型设计的过程，从而获取更多的设计灵感。无论是从设计教育教学方面，还是从设计理论与研究方面来看都会有很好的市场价值。

这套系列教材应用范围广，可作为艺术设计、工业设计、环境设计、视觉传达设计、公共艺术设计、多媒体设计、广告学设计等专业的教材、教辅或设计理论研究、设计实践的参考书，对高等院校艺术设计专业师生的研究和设计提供有价值的参考依据，对于设计教育的改革与发展具有一定的参考和交流价值，对我国的设计教育有新的促进作用，起到抛砖引玉的效果。

设计改变生活，设计创造未来！

丛书编委会
2013年9月

前 言

  本教材以设计师进行服装设计的全过程为主线，内容共分为三个部分：第一部分介绍了服装设计的基本概念和要素；第二部分介绍了设计师如何从调研到制作成衣的过程；第三部分为实例部分，向读者展示了设计师从调研到手稿再到成衣的全过程。

  本教材本着"精简理论、加强应用、突出实践能力"的教学原则，以教育部卓越计划为指南，借鉴国际最新的教学理念和模式CDIO，从企业发掘适宜作为教学的项目和资料，以教师工作室作为学生实习平台，开展基于项目的教学，按照"任务驱动、案例导引"的方式组织教学，推进教师"教中做"和学生"做中学"。通过面对市场、真刀真枪的实战训练，切实提升学生综合应用所学理论知识解决实际问题的能力以及职业技能和素养；着重全真企业实际案例解析，与市场紧密结合，在实践中理解理论，创新应用，具有很强的实操性，极大地提高了学生的动手能力和对市场的把握能力，填补了服装本科教学缺少全真市场实战案例解析教材的空白。

  书中部分设计作品选自教师设计师工作室销售的成衣，还有部分选自无锡太湖学院历届服装专业优秀毕业设计作品，由于人数众多，不一一列举姓名，在此表示感谢。书中还有部分图片素材来自网络，由于无法得知作者情况，在此也一并感谢。

  本书编写由于时间仓促，加上经验有限，难免存在诸多不足，敬请读者在使用过程中予以指正，以便我们作进一步改进。

赵　青

2013年10月

目录

第一章　什么是服装设计

第一节　服装设计的概念

每个人都要穿衣服，服饰作为人类的第二层皮肤是人们生活中不可缺少的。服饰的发展受社会、经济、文化和心理等因素的影响。同时，服饰也影响人类生活的各个层面。

最初的服装是没有设计概念的，它跟着人的自身需求而不断变化发展，逐步形成以人为本和基本形态的模式。虽然多少世纪以来已经产生了多种服装款式，但绝大多数可以归纳为三种形式：①缝制型服装：可能起源于严寒地区，最初是由兽皮切割后系结而成；②披挂型服装：形成于发明原始织机的新石器时代，是用整块矩形布料披覆身体，无须裁剪、缝合的服装；③综合型服装：是将衣料量体剪裁缝制起来的服装。（图1-1~图1-3）

图1-1　缝制型服装

图1-2　披挂型服装

图1-3　综合型服装

随着社会的不断发展和人们生活水平的提高，服装的形式也从简单趋向多样化。服装由简单裁缝的工艺发展到具有设计意识的阶段，技术与工艺的结合必然使服装设计走向辉煌，从而诠释服装设计的真义。

服装设计就是运用各种服装知识与剪裁、缝纫技巧等，考虑艺术及经济等因素，再加上设计者的学识及个人主观观点，设计出实用、美观及合乎穿者的衣服，使穿者充分显示出本身的优点并隐藏其缺点，衬托出穿者的个性。设计者除对经济、文化、社会、穿者生理与心理及时尚有综合性了解外，最重要的是要把握设计的原则。设计原则是说明如何使用设计要素的一些准则，乃是经过多年经验、分析及研究的结果，也就是美的原则在服装上的应用。

那么服装设计师要做些什么工作呢？服装设计师（Fashion Designer）直接设计的是产品，间接设计的是人品和社会。随着科学与文明的进步，人类的艺术设计手段也在不断发展。信息时代，人类的文化传播方式与以前相比有了很大变化，严格的行业之间的界限正在淡化。服装设计师的想象力迅速冲破意识形态的禁锢，以千姿百态的形式释放出来。新奇的、诡谲的、抽象的视觉形象，极端的色彩，出现在令人诧异的对比中，于是我们不得不开始调整自己的眼睛以适应新的风景。服装艺术显示出来的形式越来越多，有时还比较玄奥。怎样看待服装艺术、领略并感受服装本身的语言，成为今天网络时代"注意力"经济中的"眼球之战"。服装设计要有很强的审美观和价值观。（图1-4，学生的设计作品）

图1-4 学生的设计作品

第二节　服装设计的要素

所谓服装设计的要素，广义而言，它应该包含更多的有关服装设计的一切。狭义而言，它指的是服装设计最主要的因素。其中有款式设计、选择面料、服装色彩以及服饰搭配等方面。

现代服装设计不是单一性的，它是以全视的角度来审视人对服装的各个方面的要求。归根结底是为人服务，以人为本，它必须具备服装实用功能和时代的审美意识。

一、关于款式

服装是以人为本、为基础形来设计的，人体的形态和运动需要直接构成了服装的款式。从最初服装的产生到今天多种多样的服装，无论是披挂样式还是缝合款式都是以人体为形而变化的，它标志着人体特定的形态产生了特定的的服装款式，即上衣下裳（下为裤和裙）或上下相连。

随着时代的变迁和社会的发展，服装的款式也随着社会、经济、人的审美、季节变换等因素而变化。但是，可以确定时至今日，服装款式依然是上衣和裙、裤等三种样式。在此基础上设计师根据不同地域、民族习俗、宗教信仰、社会时尚、流行趋势等因素进行综合设计，以此来满足不同时代人们对服装的需求。

二、关于材料

　　服装设计的材料涵盖各个方面，它已不是仅在于我们日常生活中所见的普通衣料。现代服饰材料包括棉、麻、毛、化纤以及金属、塑料、纸等不同物质，说到底，服装设计的材料运用，已从狭隘的含义中跨越到现代设计的广阔层面。材料的直观含义是给人以视觉和触觉的感受。例如：裘皮和粗麻织物给人的视觉感受是松软的，当你触摸时有温暖的感觉；织锦缎、塔夫绸、麻织物以及塑料、漆皮等材料，给人的视觉是横竖冰冷的直线，触摸时不同于其他材料富有蓬松的张力。材料质地的不同必然产生它们之间的区别，松软与厚重的材料有其自身的量感，在服装设计中能表现服装的体积感。柔软轻薄的纱和丝绸物品，能更完美地表现人体形态。服装设计师只有善于运用材料的性能与特点，才能更准确地表达设计作品。（图1-5、图1-6）

图1-5　纱质面料的服装

图1-6　金属质感的面料

三、关于色彩

　　服饰色彩与绘画色彩的规律有相似之处，它们之间的区别是，服饰色彩趋向于流行时尚、生活习俗和社会文化，它直接与人的生活行为紧密相连，社会时尚的潮流往往牵动服饰社会色彩的变化。

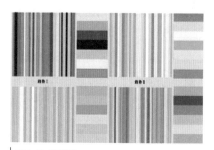

图1-7　流行色

　　设计师必须了解每一季的流行色，既要了解市场流行色的动向，又要了解人们对服饰色彩的不同需求以及他们对服饰色彩认知的共性等等。每个人对于颜色的感受是不同的，他们给色彩附加的意义通常取决于他们过去与色彩的联系和经验。设计师要在了解人们个性颜色的变化中，去发现公众对色彩所表达的某些集中的共性，然后再融合个性与共性色彩来表达社会的流行时尚。

　　一套精彩的服装出现在我们的眼前时，首先吸引人们视线的必定是夺目的服装色彩。因此，服饰色彩搭配运用如何，直接反映一套服装是否成功。（图1-7）

第三节　设计定位

　　服装设计定位的内容包含了诸多因素。服装是产品，其必然包括商品的价值以及人的各方面需求。服装设计不是单纯的款式、色彩、面料三者结合的设计过程，现代商业市场中的服装设计更加重视产品全方位的定位，其中涉及品牌定位、价格定位、促销定位三大类。无论从何种角度来谈服装设计，其最终是以人的需要为宗旨。

一、何人穿

　　服装设计首先要考虑是什么人穿，不同人对服装有不同的需求，因此，设计之前必须深入了解对象，做好产品的定位。

　　由于人们在社会生活中的状态不同，相互之间都有不同的差异，在性别、年龄、职业范围、经济收入、文化教育层次、社会定位以及体型胖瘦等方面有所区别，而这就构成了服装需求的不同层次。例如：范思哲、乔治·阿玛尼、伊夫·圣·洛朗等设计师的品牌，均有高级女装产品定位在收入颇丰的白领阶层，而以休闲风格为主的贝纳通、埃斯普瑞特、真维斯等品牌，则定位在大众休闲的基础上。以上不同的品牌都是以人的经济收入、文化素养、职业阶层等因素来确定设计定位的。（图1-8～图1-11）

图1-8 阿玛尼高级女装

图1-9 贝纳通宣传广告

图1-10 高级女装设计师伊夫·圣·洛朗

图1-11 真维斯品牌广告

　　为何人设计服装不仅要面对广大阶层的群体，而且在实际工作中，自然会碰到对某个具体人的设计，要去全面了解个体对象的各种因素，如体型和肤色、兴趣爱好、有何要求以及是否需要特殊材料和工艺的制作等。个体的需求是各不相同的，设计师有可能采用整体形象的设计方案，才能满足客户的需求。

　　不同层次的人对服装的理解和穿着方式都有其自身的观念。他（她）们在购买服装时会有多种选购方式，不仅对服装的价格、尺码、面料、颜色、款式、品牌等有精挑细选的比较，同时也会对系列服饰品产生兴趣，如鞋、皮带、包、帽、袜、手套等的统一搭配。全方位考虑穿衣人各方面的需求，是每一位设计师必须重视的问题。

二、何地穿

在以人为特定的设计因素外，还应该考虑人在社会环境中生活的不同条件，因此，人在何地穿衣服是另一种设计因素。通常何地穿衣分为两大类：一是指自然条件下的环境。人们居住生活的地域不同，社会背景和生活习俗等等均有差异，产生了地区之间穿衣方式的不同。例如：我国南方沿海地区与北方地区、高原严寒地区与内陆平原地区都存在着穿衣风格不同的区别。二是社会环境和服装的关系。人们在不同的社会环境中受到各种活动的约束，不同的场合必然有不同的穿衣要求。例如：同属工作人员的人士由于办公环境不同，于是服装的穿戴也有不同的搭配，写字楼里职员的服装与快递职工的衣装有明显的区别。（图1-12、图1-13）

图1-12 酒店大堂接待

图1-13 快递职工

三、何时穿

由于一年四季的变化，人们的穿衣也随季节而更换服装。春夏装、秋季装均有不同的面料、款式和颜色，设计师要根据季节和市场的需要来确定设计方案；同时，还要注意具体时间的穿衣要求。例如，在某一天从早至晚有不同的衣装：居家服、睡衣、晚宴服、夜礼服等，这些都是设计师在实际工作中要考虑的设计因素。

人们在日常生活和工作中的穿衣是有其目的性的，社会群体与个人在穿衣方式和穿衣目的上都有具体的表现。例如：企业制服是群体穿衣的行为，它通过穿着企业的统一服装，以达到向社会公众展示企业形象和宣传企业的目的；同时，合理的制服也能起到保护工人安全和提高生产效率的作用。

个体人群的穿衣同样有其目的性，除防寒避暑、保护身体等功能之外，个人的穿衣有极强的个性需求。尤其在不同的场合和活动环境中，穿衣的目的性更加鲜明。例如：每届奥斯卡电影颁奖晚会，群英荟萃，众多明星的异彩华服吸引了千万影迷，成为晚会一道亮丽的风景线，明星穿着华丽的服装参加晚会即是一种目的性极强的穿衣方式。了解群体或个体穿衣的目的是设计师的一项重要工作，以此来为下一步设计方案的确立打下基础。（图1-14、图1-15）

图1-14 礼服

图1-15 "白水味儿"工作室设计的日常装

第二章　从设计到成衣

第一节　调研

创造性调研是所有原创设计得以强化的秘密或诀窍。

——约翰·加利亚诺（John Galliano），迪奥品牌创意总监

调研对于任何设计过程来说都是必不可少的，它是先于设计而展开的创意理念的初期搜罗和汇集。它应该是一个颇具试验意味的过程，是为了支持或发现某一特定主题所做的调查研究。在创作过程中，调研是不可缺少的方法，它会为创意提供灵感、信息和创作方向，以及为系列设计提供故事情节。调研是一种旅行，它通常会花费你几周甚至于几个月的时间去理清头绪并加工处理。它也是一项非常人性化的行为，通过它的外在表现，人们可以深入透视设计师的思想、追求、趣味以及想象力的创造性。

从广泛而深入的调研入手，设计师就可以开始对一组服装或一个系列进行演绎了。在设计过程中，廓形、肌理、色彩、细节、印花和装饰等都有其各自的地位，而且这些在你所做的调研中都可以一一找到。

调研是一项具有创造性的工作，它记录信息以备当前或未来之用。但是它究竟是什么呢？设计师不断地进行着再创造，这一切又是如何开始的呢？

总而言之，调研的过程应该是充满乐趣、令人兴奋和增长见闻的，同时最重要的是要非常有用。

一、什么是调研

"针对素材和资料来源所进行的系统化的调查研究，其目的在于建立起事实基础并得出新的结论。"（《牛津英语大辞典》）

时尚，从它的定义来看，是指当前流行的风尚或者样式；时装设计师在他们的作品中表达出时代精神，即时尚。时尚不断地发生着变化，而且在每一季中人们都会寄希望于设计师能对时尚轮回进行重新改造。由于这种追求新奇感的持续压力，设计师不得不对新的灵感及其在系列设计中的诠释方式进行更深层次的挖掘和更深入的探寻。因此，时装设计师就像是喜鹊，执着的采集者，总是涉猎各种新鲜的和令人兴奋的事物以激发他们的灵感。创作过程需要采集和寻找素材，这对于想象力的滋养来说也是必不可少的。

调研指的是调查探究，即从过去的事物中学到新的东西。它常常被看作是探索之旅的起点。它与阅读、参观或许还有观察有关，但是首要的是，它是指信息的记录。

调研有两种类型：第一种类型是指采集你的系列设计所需的真实有形的和可实践操作的素

材，如面料、边饰、纽扣等；另一种类型是指收集系列设计所需的形象化的灵感素材，这对于主题、情绪基调或者概念的确定将会有所帮助，而这些因素对于在创作中自我个性的发展来说是必不可少的。

可以把调研材料比作日记或者日志，它记录你是谁、你对什么感兴趣以及在特定时期内世界所发生的一切。流行趋势、社会和政治事件都会被记载下来，而且所有这些因素都会对你的创造性设计过程带来影响。这种信息、日记、研究就是目前或者未来将会使用到的素材。（图2-1）

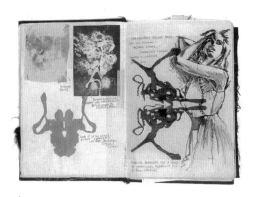

图2-1 设计师调研手稿

二、调研的目的是什么

我们知道了什么是调研，可是我们为什么需要它呢？作为一名设计师，它对我们有何帮助？

首先，作为具有创造力个体的你，调研可以激发你的灵感。它对大脑是一种刺激，同时会在设计的过程中开始新的设计方向。在你将想象力引导并集中于一个概念、主题或者方向之前，你应该通过收集不同的参考资料并探寻各种使你感兴趣的方法，来探索各种各样的创作可能性。

调研工作也会对学习一门学科有所帮助。通过调研，你也许会发现一些完全一无所知的信息，或者探寻到一些新技巧、新工艺。

调研是一个很好的机会，可以让你了解自己的兴趣点并扩展你对周遭世界的感悟和认识。因此，调研是一种非常私人和个性化的工作，尽管设计团队中的每一个人都可以从事这项工作，但通常只有一个人具有创造性的想象力并占据优势。

调研表明了你如何看待这个世界以及如何对它进行思考。而且，它能够使你区别于这一行业当中的其他任何人，这一点相当重要。你可以把它看做是记录你创造性生命瞬间的私人日记，以及向任何人表明那些可以激发你的灵感、对你的生活产生影响的事物的文件资料。

需要记住的最后一点是，调研的首要条件必须是能够激发创作灵感且同时切实可用。

三、调研应该包含什么内容

如前所述，调研是指调查、研究和信息的记录。这种信息是指那些可以被拆分为一组一组不同类别的事物，它们将有助于你灵感的激发，同时也会为系列设计的方向提供不同的组成部分。

1. 造型和结构

从其准确的定义来看，"造型"是指具有明确的外部边线的区域或者形状，并且具有可识别的外观和结构。它也指以框架形式构成或者支撑物体的方式。造型是调研和最终设计的核心因素，因为它们可以为你提供转换到人体之上和服装之中的潜在创意。没有造型，就没有时装设计中的"廓形"。

为了支撑起造型，很重要的一点是要考虑结构问题以及物体的构成原理。充分理解框架或部件支撑起造型的原理是至关重要的，而且这种结构要素又会转化

图2-2 教堂的穹顶

图2-3 克里诺林裙

成为时装设计。可以想一想，大教堂或者现代化玻璃大厦的穹顶造型与19世纪女装中的克里诺林结构，是否有着某种相似之处呢？（图2-2、图2-3）

2. 细节

作为一名设计师，在你的调查研究中不仅要考虑造型的灵感来源，而且也要考虑像细节这样更为实用的要素的灵感来源，这一点很重要。一件服装的细节可以指服装上的所有东西，从在何处使用明辑线到口袋的类型、紧固材料以及袖克夫和领子的造型等。一件服装的细节和廓形是同等重要的，因为当买手近距离审视服装时，这些细节通常就成为别具特色的卖点。因此，为了创作出成功的和经得起反复推敲的设计，整合这些细节元素就显得十分重要。

在设计过程中细节元素的调研、采集可以来源于很多不同的地方。它可以来自于你对军服外套的袖克夫和口袋样式的探索，或者从历史服装上获取元素。它也可以来自于更为抽象的素材，如口袋的造型可以从更鲜活的事物中获取灵感。单品服装或整个系列设计的细节灵感选择应该从你调研的所有不同种类的素材中筛选而来。细节元素也许不会立刻浮现出来，但是你要

图2-4 服装的细节

明白，它是设计过程中的重要组成部分，你最终必须对它予以考虑。（图2-4）

3. 色彩

对色彩的考虑在调研与设计的过程中是不可或缺的。它通常是一件设计作品引起人们关注的首要因素，并且左右着服装或者系列设计被感知的程度。从远古时期起，色彩对我们来说就具有神奇的力量，而且，在我们的穿着中，色彩可以反映出我们的个性、性格和品位，同时也能够传递出对不同的文化背景和社会地位等重要信息的反映。

对于设计师而言，色彩通常是系列设计的起点，并且能够控制其所做设计的基调和季节性。针对色彩采集的调研资料应该既包括一手资料也包括二手资料，而且你可以将它们混合在一起并获得各种各样的组合。

灵感的来源是无穷无尽的，因为我们就生活在被色彩包围的世界里。例如，自然界为你带来各种各样的色相、明暗与色调的组合，它们都可以转化为设计进程中的色彩基调。然而，你

的灵感也可能会来自于一位艺术家，或者一幅特别的油画，或者历史上的某一个时期。（图2-5～图2-7）

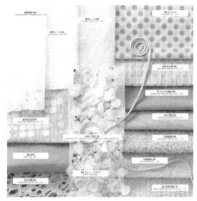

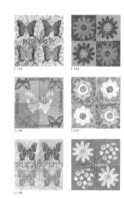

图2-5 色彩　　　　　　　　　　图2-6 色彩　　　　　　　　　图2-7 色彩

4. 肌理

肌理指的是物体表面的能够唤起我们触觉感受的质地。不同肌理的明暗图纹可以使观者无需真正触摸物体，也不用对所呈现的物体表面进行描述，就能体验到视觉刺激。（图2-8、图2-9）

作为一名时装设计师，对于肌理方面所做的调研最终会表现为其所能找到的面料、多种不同的质地以及后整理的效果。在人体上审视和感觉事物的方式是设计过程中极为重要的部分，但是这方面的灵感来源可以是各种不同的素材。

针对肌理所做的调研常常可以为面料再造赋予新灵感，而面料的处理方式将会有助于一件服装的风格和可能采用的造型的确定。建筑材料、风景和有机物形状的图片可能会对针织服装

图2-8 贝壳的肌理　　　　　　　图2-9 大自然的肌理

和面料再造技法的灵感启发有所帮助，如打褶的表现手法。（图2-10）

5. 印花和表面装饰

在调研过程中，你也许会收集具有天然纹理或者装饰纹样的信息和参考资料，并试图将它们转化成为印花和肌理的拓展方案。图片或物体也许会具有很强的装饰性，镶满珠饰、重复而对称，或者会给你一个围绕设计概念而绘制出一个基础图的机会。

表面特性也可以暗示出肌理表现的转换手段，如刺绣、伸缩线迹、贴绣和珠饰。表面后处理可用于一块面料或一件服装，用以改变其外观风格、感觉，并反映出灵感来源的基调。例如，贫苦的、年老的和褪色的感觉可以从非洲焦灼、干旱的土地转变而来，珠光宝气和装饰特性则可以从印度的纱丽面料中获得灵感。（图2-11~图2-14）

刺绣：这里是指在织物表面运用缝线创造出图案和纹样的手工艺。通过运用不同类型的线

图2-10 富有肌理感的服装

图2-12 表面绣珠装饰

图2-11 民族服装中的印花　　图2-13 以民族印花为灵感设计的时装　　图2-14 表面绣缀装饰

和线迹，你可以在平平的织物表面创造出精致的表面装饰。

伸缩线迹：这是指运用线迹将面料抽缩成蜂窝状纹样的技法，在这种基本线迹的基础上可以产生许多变化针法，它可以使设计师无需裁剪就能够在一件衣服中创造出造型和体量感。

贴绣：这是一种将单独裁出的面料装饰性地缝制或固定于另一块面料之上以创造出一种表面装饰或纹样的技法。

珠饰：正如它的名字听上去那样，运用珠子来装饰面料，通常采用的是缝制的方式。

6. 历史影响

像任何一个具有创造性的领域一样，作为时装设计师，你必须了解以前曾经发生过的事情，这样才能够将设计理念和技术向前推进。历史的影响显见于任何一个文化的设计学科中。从伊斯兰清真寺到日本武士铠甲，它们就如同你所看到的古代瓦片一样各不相同。（图2-15、图2-16）

图2-15 服装历史

图2-16 服装历史

有关历史资料调研的关键因素，必须是服装史上或古代服装上出现过的元素。要想成为时装设计师，学习服装史是非常必要的，对于很多设计师来说，服装史从很多方面为他们提供了宝贵的财富和丰富的信息，如从造型的缝制工艺到面料和装饰手法的选择。维维安·韦斯特伍德把在服装史上寻找的过程形容为"变旧为新"。毫无疑问，她正是通过探索许多不同世纪的服装来使她的系列设计鲜活起来的。

7. 文化影响

文化影响可以是所有的一切，从对本国文学、艺术和音乐的欣赏到对另一个国家的民俗和文明的欣赏。通过审视另一个国家的文化来寻找创意会为你带来丰富的灵感，而这些灵感本身就可以转化为色彩、面料以及印花和服装的造型。像约翰·加利亚诺和让·保罗·戈蒂埃这样的设计师，就将多种不同文化视为其系列设计的出发点，并以这种方式闻名于世。作为一个设计师，你也许会从文学中获取灵感，并借用它来作为你系列设计的故事情节。时下的艺术展也可能对你所收集的调研资料和创作的作品带来影响。例如，在克里斯汀·拉克鲁瓦和让·戈蒂埃的系列设计中可以非常清楚地看到弗里达·卡罗油画作品对他们的影响，弗里达·卡罗是一位具有浓郁的传统衣着风貌的墨西哥画家。（图2–17～图2–22）

　　1960年，约翰·加里亚诺出生于直布罗陀，父亲是英国人，母亲是西班牙人。他从小受到西班牙天主教风格的熏陶，作品有明显的巴洛克风格。他6岁的时候全家搬到伦敦，之后在著名的圣马丁艺术学院以优等生资格毕业。在商业至上的时装界，约翰·加里亚诺是少数将时装看作是艺术、其次才是商业的设计师之一。

图2-17 克里斯汀·拉克鲁　图2-18 弗里达·卡罗油画
瓦时装

图2-19 迪奥2007年春夏高级女装，由约翰·加里亚诺设计，灵感来　图2-20 迪奥2007年春夏高级女装
源于日本传统服装

图2-21 日本的传统服装　　图2-22 以日本传统服装
为灵感设计的现代服装

8. 当代的流行趋势

对社会环境和文化潮流的敏锐把握是作为一个设计师必须逐步发展的能力。观察全球的变化、社会趋势和政治生活对于为特定目标群体进行服装设计来说是必不可少的。跟随潮流并不见得是完全有意识的行为，而不过是一种与时代精神相协调的能力。它也指对那些发端于"街头"的品味和趣味的微妙变化具有敏锐的洞察能力。

"升腾效应"描述的是人们的行为，特殊趣味和亚文化族群——通常是通过音乐和电视上的曝光——如何对主流文化产生影响，它可以看作是时尚和传媒的新方向。

时尚预测机构和流行趋势杂志正是你可以轻松获取此类信息的地方。（图2-23、图2-24）

图2-23 流行机构发布的流行资讯

图2-24 时尚杂志

四、调研资料的整理和分类

1. 头脑风暴法

头脑风暴法，或者说创造性的思维网络图，是调研初期非常有用的一种探索技巧，它可以帮助你生成很多理念。头脑风暴法要求你简单地列出你所能想到的与你的设计任务书相关的所有字词。

在这个过程中，需要运用字典、同义词词典和网络作为辅助手段。也可以为那些写下来的文字配上图片，这样它们就可以为你的系列设计带来一个潜力无限的开端以及关于主题或概念方面的一些可能的想法。

打开思维并让你的想象力游走于很多相关或不相关的领域；让词语与主题并置，它通常可以为设计带来新的概念和"组合"。（图2-25）

2. 选择一个主题或概念

当你准备为你的系列选择一个主题时，需要考虑的是那些在你看到设计任务书时首先映入头脑中的、能够激发你的创造力的事物，也许会有主次之分。在头脑风暴阶段，你对词语和图片已经进行了充分探索，因此这将有助于将各种理念整合为潜在的主题或概念。

主题或概念是一个好的系列设计的精髓之所在，而且它会使你的系列设计独一无二和颇具

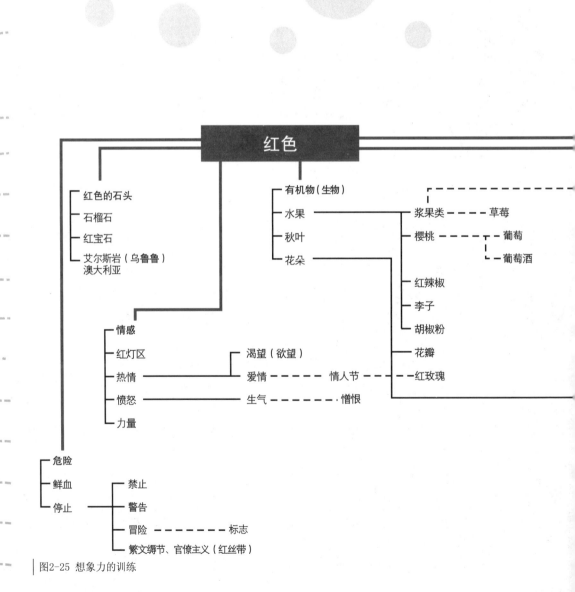

图2-25 想象力的训练

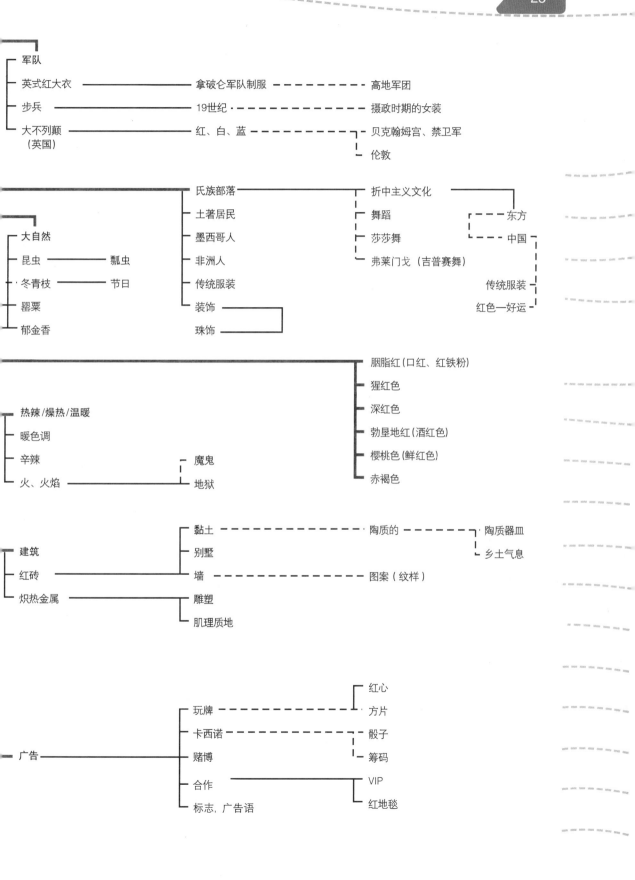

个性。切记一点，一名好的设计师他会挖掘自我的个性、兴趣以及对周遭世界的看法等诸多方面，然后将其融于赏心悦目、有所创新和令人信服的系列设计中。（图2-26）

（1）抽象

这是指你也许会从一些不相关的词语或描述开始，如"超现实主义"。而后，这个词语可以转化成为一系列的理念，或许可以逐步指向你所进行的调研和设计。（图2-27）

你将会把什么样的图片或词语与超现实主义联系在一起呢？究竟一件服装最终将如何诠释这个词语呢？

（2）概念化

这是指你探寻各种不相关的可视资料的地方，这些可视资料正是因为它们具有相似的或可并置的特性而被提取出来。例如，一张拍摄矿石的照片和一张拍摄贝壳的照片，旁边摆放着一块打褶的面料，以及艺术家克里斯多和珍妮·克劳德夫妇的装置作品，如被布料包裹起来的德国柏林文艺复兴时期的建筑物。（图2-28）

信息的组合也会显现出可被探寻的相似特性，它们可以转化成为系列设计的造型、肌理和色彩。

（3）叙述

从叙述的定义来看，其意思为书写一些文字，也许是一个故事或一个传说。

图2-26 学生的主题设计——大海情怀

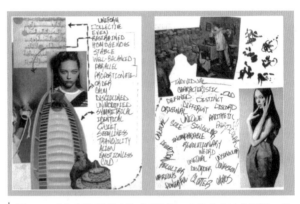

图2-27 列出表达系列时装感受的词，会让你在决定面料、色彩和设计细节时有的放矢

图2-28 设计师收集的肌理相似的图片

设计师约翰·加里亚诺是以其在系列设计中创造完美的故事情节和人物，以及创造缪斯女神作为核心焦点而闻名于世的，如20世纪20年代的舞蹈家约瑟芬·贝克尔以及康特斯·德·卡斯蒂里奥纳都曾经是他系列设计的灵感来源。每一个人物不仅可以带来衣着样式，而且还可以带来其个性魅力，这些对研究调研资料和设计服装以及最后的系列发布都将具有指导意义。

需要记住的重要的一点是，不管你的创意从何而来，服装才是世界时尚买手和媒体对你作出最终评判的依据。

3. 分类

什么是一手资料和二手资料？

一手资料是指你第一手收集和记录下来的各种发现。换言之，它们是你直接提取设计元素的事物。例如，来自于自然历史博物馆的有关解剖学的参考资料。（图2-29）

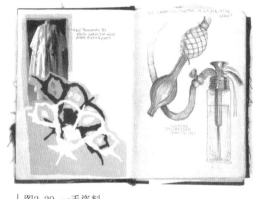

图2-29 一手资料

一手资料通常以绘画或拍照的方式记录下来，并且常常会带来比事物本身更强烈的感官联想。例如，触觉和嗅觉会唤起记忆而且会暗含在最终的设计过程中。

二手资料当然是指其他人的发现。这些资料可以来自于书籍、网络、报纸和期刊。它们和调研得来的一手资料同等重要，并常常会促使你去观察和阅读那些不再存在于身边或者很难再获得的资料。

能够很好地理解这两种类型的资料是至关重要的，而且，在好的调研工作中，这两部分内容是可以取得平衡的。所以，为了能够在设计探索中可以同时兼顾这两种类型的信息资料，你应该做好充分的准备。

4. 拼贴

在你的调研中，拼贴技法的运用是指将从不同来源获得的信息资料拼凑在一起的另一种方法，如照片、杂志剪报以及从网络上打印出来的图片等。

你挑选出来的图片并非一定具有一眼就能辨识的共同点。

一张好的拼贴图将会探寻多种不同的元素，它们显示出各自的冲击力和特性，但是当把它们组合在一起的时候则从整体上呈现出新的方向。当你对图片进行加工时，不要局限于规则的造型，如长方形或者方形，你也可以剪出各种形状并以一种具有创造力的方式将它们拼贴在一起。（图2-30）

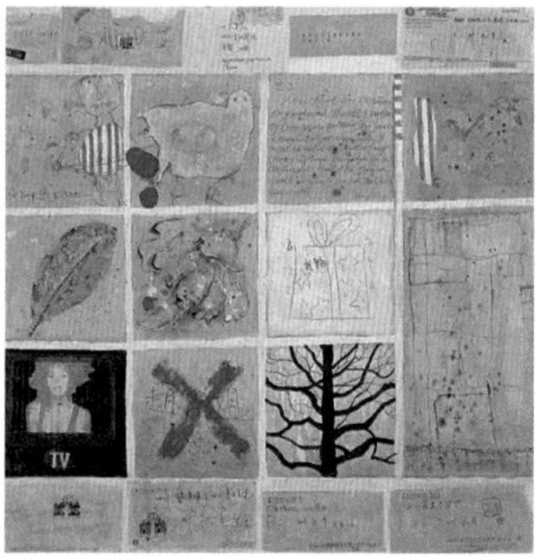

图2-30 设计师拼贴图

5. 并置

如果拼贴是指将图片剪切并粘贴在一起来创造作品的理念，那么，并置就是指将图片和面料在页面上并排地放置。

这种方法常常可以将毫无关联的元素组合在一起，即便它们根本不同也可以分享其相似性。例如，具有螺旋形状的菊石化石和螺旋形状的楼梯，或者可能会暗示出面料特性的图片，如人体解剖学中肌肉的肌理与针织面料之间的相似性。

6. 解构

解构或者拆解你的调研成果是一种看待信息资料的新视角。它可以简单理解为运用取景器并提取物体的一个角度，这样你就可以聚焦于原始素材中的细节元素并获得抽象的创意。然而，它也可以被理解为像智力拼图玩具一样将信息资料打散，然后再以不同的方式重新组合来创造出新的线条、形状和抽象的形态。

图2-31 解构手法设计的服装

解构也是一种以实际服装作为灵感进行创作的过程。它是一种技术，你可以运用这种技术分解现有的服装，并且分析它们以前是如何被创作出来的，也许还可以从它们那里获得纸样，同时可以关注那些能够转化为设计埋念的结构细节。（图2-31、图2-32）

7. 对照参考

由于来源于毫不相关的参考资料和调研结果，所以你的调研资料最初可能显示得十分抽象而且不尽相同。绘画、拼贴和并置是对这些

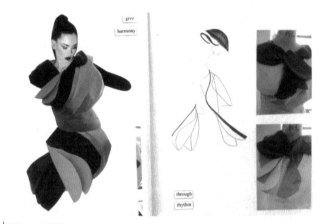

图2-32 解构

信息资料进行拼凑和试验的极好的方法，而对照参考则是一种可以帮助你找到彼此相关或者互为补充的视觉参考要素的技法。随后，可以对这些参考要素进行分组，进而使它们转化成为初期的主题或者概念，这样你就可以在设计进程阶段进行更深入的探究。

下面给出的图例表明雕塑和三宅一生的服装之间是如何具有相似之处的，贝壳的褶子之间也具有相似的特点。所有这些参考资料都来源于不同的素材，但是把它们放在一起时，你就能看到它们彼此之间如何产生关联并且为你的设计提供新的方向。（图2-33）

将具有相似点的素材进行混合是对照参考的要点，而且也是所有好的调研及其初期分析

图2-33 三宅一生的服装与雕塑和贝壳的褶子的相似之处

中必不可少的部分。

8. 调研分析

当你通过拼贴和对照参考的手法来探索你的
研究素材并整合设计理念和概念时，你将会看到
你设计的潜在方向。正如我们已经探讨过的那
样，作为调查、研究的一部分，你必须拥有与造
型、肌理、细节、色彩、印花以及历史性相关的
参考资料。因此，现在就要运用你的调研材料并
且以初期设计草图的形式来对它们进行分析。
（图2-34）

图2-34　调研分析

要想获得初步的分析结果，你需要从所探寻的资料中提炼出造型要素，试验性地混用多种
工具来进行草图绘制、特写以及线描和结构细节绘制等。

这些草图也应该对肌理、图案以及可能采用的装饰手法进行探索。这种绘画不需要按照图
像非常详尽地去画，只要将你采集的信息资料简单地表达出来就可以。

色彩是需要予以考虑和探索的要素，它可以通过混用多种绘画工具，以调研素材为灵感来
源并从中提取出色彩基调与组合的潜在理念来获得。

与肌理和可能采用的面料再造相关的初期理念也应该包括在调研中，而且，这些理念应该
可以形成对面料设计的初步分析。你必须开始寻找并整合那些与你的灵感来源有相似性的面料
小样和边饰，同时也要表明你的调研对面料肌理的创意如何起作用。

分析的另一个关键阶段是试着将你从调研中设想出来的造型以1/4比例的纸样进行试制或
者在人台上进行立体造型。这是一种三维立体的分析方法，而且通过对你所收集的信息进行转
化，你将会看到服装概念的发展潜力，并且可以通过拍照和草图的方式来进行记录。

9. 聚焦关键因素

通过调研、整合和分析阶段，你会逐渐找到更为明确的设计方向和设计重点。这一过程中
的每一个阶段都会为你提炼出系列设计必须考虑的关键要素，如造型、色彩、面料、细节、印
花图案和钻石手法等。

接下来的阶段则是运用手稿图册将你的思维简单地聚焦，并且创作出一系列效果图来逐渐
明确你想运用的元素。

你应该允许其他人就你设计图中的核心问题交换意见。换句话说，如果你是在一个团队中
工作，这则是一个核心要点。团队中的其他成员可能会对系列设计所探究的方向作出反应，因
此你要将他们的意见或者建议添加进来。

这种关键元素的聚焦也可以以一系列基调板、故事板或者概念板的形式来呈现。

10. 基调板、故事板和概念板

正如前面所提到的那样，基调板、故事板和概念板是一种向他人展现你所聚焦的设计信息
的方法，无论他们是你的客户、资金赞助商、设计师团队还是你的指导老师。

这些图板可以形容为你系列设计的封面，并且应该通过一定数量的筛选图片资料来讲述你的调研故事。它们的名字暗示出它们试图要表达的东西、创造的基调、讲述的故事和探寻的概念。

这一信息资料的表达，正像它们名字所暗示的那样，通常要把它们装裱在纸板或者卡纸上，因为这是一种很耐磨的方式。

尺寸规格将取决于设计工作室通常采用的比例大小，但是作为教学之用可以小一点。

所要做的事情就是将图片和面料小样进行简单的排版和构图，而且你会运用调研整合阶段所采用的一些理念表达技法，如拼贴和并置。（图2-35）

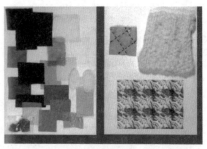

图2-35 基调板、概念板

11. 版式和构图实例

如何运用你的调研素材在手稿图册中进行排版有着简便快捷的法则。你不必用你的调研图片和绘画来填满每一张页面，留出的负像空间常常会为页面及其阅读增添活力。不同的边缘形状和不规则的尺寸大小都可以成为信息资料构图和版式的要素。允许不同来源的素材通过拼贴相互作用，同时在并置排版时也要留出空间。

通常在两个相对的页面上所需的就是一幅精美的绘画和单张照片，这足以说明一个设计理念并呈现出具有视觉冲击力的事物。手稿图册总体来说应该保持平衡，这样从信息资料和灵感素材的角度来说就会有疏有密、有张有弛。

手稿图册终归是有关于灵感和探究调研的，所以，它的版式不应该太过呆板，否则会给重要的实践环节带来限制。（图2-36）

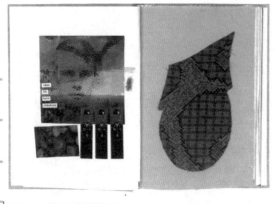
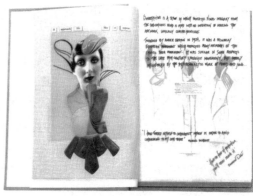
图2-36 版式和构图实例

第二节　灵感来源

你现在应该理解了何为调研以及为了更好地从调研着手进行设计而应该包含的元素。同时，前文对于为什么需要概念或主题也给出了解释。那么，为了开启调研资料的采集之旅，你将从哪里获得信息呢？灵感的来源是什么呢？

1. 网络

这里可能是最容易开始进行调查研究的地方，因为它可以在全世界范围内采集信息、图片和文字，所以它又是最方便的调研途径。运用搜索引擎寻找灵感是最快捷的方式，它可以专门指向你已经开始关注的主题。

记住，调查研究不仅仅与可视的灵感源有关，而且也与可触摸的切实可用的事物有关。如面料来源网络也会使你逐步接触到一些公司或生产商，他们可以为你提供面料样片、边饰以及在生产或整理过程中所用到的专业技巧。

网络中也有一些很棒的、与时尚相关的网页。例如："style"网（www.style.com）非常棒，它可以提供全世界顶级设计师最新的成衣T

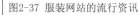
图2-37 服装网站的流行资讯

台秀的图片。如果你想在时尚行业中不断寻求发展，具有良好的"时尚感觉"是必不可少的。（图2-37）

2. 图书馆

图书馆是你开始调查研究的一个绝妙去处，因为它可以以书籍和期刊的形式提供当前阶段的参考图片和文字。图书馆还可以让你探寻与主题相关的书籍，这也许是你在头脑风暴阶段未能考虑到的。书籍浏览还可以带来特别的感受，当你简单地浏览网页时，浏览书籍所独有的嗅觉、触觉和视觉刺激就会被忘得一干二净。书籍本身就是精心制作和装帧完好的艺术品，观赏一幅维多利亚时期画作的原稿肯定会比在计算机屏幕上看到它更能激发你的灵感。

3. 杂志

熟知你的专业并具有敏锐的时尚感觉是调研过程中不可或缺的部分，而且杂志是拓展这方面知识的好去处。

对于设计师来说，杂志是信息资料和潜在灵感的极好来源。它们首先可以为你带来时尚行业中最新的时尚潮流、样式以及其他设计师设计的服装式样；其次，它们还有助于你深入透视作为设计师所应该关注的其他方面，如生活方式和文化趣味将会对你希望为之设计的目标市场带来何种影响。

观赏其他设计师的系列设计并不是为了要去模仿他们的设计，而是要让你了解哪些已经被创造出来，同时它也能开启你的创作思路。这些年来，新推出的许多不同种类的杂志，你应该不仅仅选择常见的那些，例如*Vogue*和*Elle*，还应该关注更多的时尚、艺术和生活方式方面的出版物，它们瞄准了你应予以关注的目标市场。在这些杂志里充满了全新的、大有前途的天才们的信息，它们不仅仅是以服装设计师为主，也有大量关于艺术指导、发型和妆型设计艺术家、摄影师和造型师的。

关于设计师、流行趋势和生活习性方面的知识积累不可能一蹴而就，而应该长时间、有规律地去做，这将有助于你在时尚行业中逐渐建立起自我个性。

作为一名学生，你也许常常会被要求回想你最喜欢的设计师或者你的指导老师指定你阅读的出版物，以此作为证明你的专业知识和兴趣的一种方式。同时，你也可能被要求作为一个大型的低端零售（大众潮流）公司设计团队中的一员来运用杂志进行市场调研，因此，在你职业

图2-38 时尚杂志

生涯的初始阶段了解设计进程的这一部分内容是非常重要的。（图2-38）

4. 博物馆和艺术画廊

博物馆是获取一手资料的绝佳来源，因为它们收藏着庞大的、形形色色的物品、艺术品以及历史珍品。博物馆也常常会专门致力于特别的趣味，如军队、科学、自然历史或者美术。

正如伦敦维多利亚与艾尔伯特的博物馆或纽约大都会艺术博物馆，现都已成为全球艺术、设计、历史和文化的宏伟殿堂。它们为设计师的调研进程提供了极好的开端，可以使你探寻众多以不同主题、不同国家和不同时期为专项特色的画廊和场馆。在同一个地方能够找到多种潜在的可能性，而其可挖掘的潜力却是无穷无尽的。（图2-39）

艺术画廊也是调研过程中必不可少的部分，因为它们可以为主题素材、色彩、质地、印花和表面装饰提供灵感来源。艺术家已经直接影响到了许多时装设计师的系列设计。例如，范思哲运用20世纪60年代安迪·沃霍尔的玛丽莲·梦露波普艺术印刷品作为连衣裙印花图案的灵感来源。20世纪60年代，伊夫·圣·洛朗将蒙德里安的画作融汇于一件直筒样式的连衣裙

中。再如，20世纪30年代，艾尔萨·夏帕瑞丽与超现实主义艺术家萨尔瓦多·达利共同合作创作了多件作品。（图2-40）

然而对于摄影无法再现的时期或国家，绘画也可以为你带来当时人们的生活和衣着的画面。例如，罗马文艺复兴时期的美术和雕塑，或者古埃及时期的经文。

国内的许多省市也有自己的博物馆和美术画廊，去这些地方探寻那些可以为你所用的素材可谓是明智之举，因为你也许会由此发现值得你深入调研的深藏的"宝物"。

5. 服装史

作为一名时装设计师，适当地掌握裙装的历史背景知识是十分必要的。如果你知道过去曾经出现过哪些样式，就可以由此引申开来并将它应用到未来的设计中。从某个时期的裙装提取灵感可以使你利用旧有样式的造型、结构、合体度、印花和刺绣，并对它们进行全新的演绎。面对如此丰富多彩的服装历史，你能够找到许多可以发展成为系列的参考资料。（图2-41）

图2-39 艺术博物馆

图2-40 蒙德里安的画和伊夫·圣·洛朗的作品

图2-41 服装史

像维维安·韦斯特伍德和约翰·加里亚诺这样的设计师都是以其善于将古代服装运用于其系列设计中而著称的。伦敦的维多利亚与艾尔伯特博物馆和巴斯时装博物馆收藏了各个时期精美的服装珍品。在国内，可以在首都故宫博物院或各大历史博物馆中找到中国传统服饰的资料，它们都是调查、研究中可被利用和进一步提炼的素材。

6. 跳蚤市场和二手店

我们已经讨论过，调研就是到处探寻、发掘和查找信息的来源，并且总是不断留心那些可用于设计的参考资料。只要你随便在跳蚤市场和二手店来来回回地走上几圈，就可以为你带来发现古董、废弃的赝品以及过时的或者某个历史时期

图2-42 街头卖服装的小摊　　图2-43 出售旗袍的商店

的服装的绝佳机会。（图2-42、图2-43）

　　世界上大多数的大型时装之都都会在很多区域设立这样的市场和店铺。例如，伦敦的波多贝罗市集、纽约的格林威治村、巴黎的蒙玛特高地等。

　　一些设计师已经通过在系列设计中使用过时的服装或回收的旧衣建立起他们独特的设计风格。

7. 旅行

　　作为一个设计师，很重要的一点是探寻和发现你周遭的世界，并且意识到你周围的每一件事物都有可能用来研究的潜力。因此，旅行也理所应当成为调查研究过程中的重要组成部分，其会为你提供大量的、可以转化为现代时装设计的信息资料。

　　大型设计公司，为了举行发布会，常常会把他们的设计团队送到国外去采风，收集旧古董、面料小样、赝品、服装、珠宝和首饰——任何他们认为可以作为灵感来源的事物。摄影和绘画也是记录这些异国旅行体验的重要手段。

　　中国有56个民族，各民族的服饰文化资源非常丰富，到各少数民族聚居的地方去旅行，一定会给你带来不同凡响的设计灵感。对于一个责任心极强的设计师来说，能把到国内或国外的

图2-44 不同民族的服饰

度假也看做是一个收集调研信息的机会，这一点也很重要。（图2-44）

8. 建筑

时装与建筑有很多的共同点，这也许听起来有点令人惊讶。实际上，它们始于相同的出发点——人的身体。它们都为人的身体提供保护和遮蔽，同时也提供了一种表达相同特性的方式，无论是个人的、政治的、宗教的还是文化的。

图2-45　高迪的巴特罗公寓，灵感来源于海螺的螺旋

时装和建筑也都表达出空间、体积和运动的理念，而且在将材料从二维平面转化到复杂的三维立体结构的利用方式上两者也具有相似的实践特性。正是由于这种共同点，建筑便成为时装设计师绝妙的调研材料。

像古代服装一样，建筑可以表达出各个时期的流行趋势并且常常与社会趣味以及科技的发展变化密切相关，尤其是新材料和新的生产工艺的应用。

你只需要看看19世纪末期和20世纪初期高迪的作品以及他对自然界、相关艺术和服装潮流的兴趣，就可以看到时装和建筑有着多么紧密的联系。（图2-45、图2-46）

就在最近，诸如山本耀司和川久保龄这样的日本设计师，就用他们所创作的服装证明了服

图2-46 高迪的圣家族大教堂 ｜ 图2-47 Pugh的作品，有建筑屋顶的感觉

装与他们周围的现代建筑之间所具有的明确相似性。（图2-47）

9. 自然界

自然界为一手资料的采集提供了大量的、形形色色的灵感。它是可视刺激物的来源，可以为调研工作中的所有关键要素的确定带来灵感启发，如造型、结构、色彩、图案和质地（肌理）。

你也许会受到兴趣的引导去关注稀有的天堂鸟或者蝴蝶和昆虫，你也许会通过探寻蛇的图案或者一片热带雨林的树叶来获取灵感，这其中蕴含了无穷无尽的机会，因此，自然界作为灵感来源，将成为设计师不变的探寻对象。（图2-48）

图2-48 以自然界的纹理作为印花的灵感来源

10. 电影、戏剧和音乐

电影、戏剧和音乐一直以来都与时尚和服装有着非常紧密的联系。20世纪三四十年代著名的好莱坞明星总是穿着朗万、巴伦夏加和迪奥等法国设计师设计的服装去拍照。明星们所显露出来的魅力四射的、常人无法企及的生活大大刺激了人们对他们所穿服装的向往，并且期望设计师创造出更多的曼妙服装。

图2-49 电影《红磨坊》剧照

然而除了装扮明星以外，电影和戏剧也常常会对T台上显现的时尚产生影响。巴兹·鲁尔曼导演的电影《红磨坊》引发了人们对紧身胸衣和滑稽表演的极大热衷（图2-49）。而最近由西耶娜·米勒领衔主演的、与伊迪·赛奇威克有关的名为《工厂女孩》的电影，则引起了人们对20世纪60年代时尚的关注。在现代，摇滚明星或者波普明星的作用就是激发人们的兴奋感并创造出他们想要的生活方式。通过穿着的服装及其与设计师和品牌的联系，他们

图2-50 朋克服饰

常常会在录像、广告片、电影和公开发行物上推广其系列设计。20世纪70年代，维维安·韦斯特伍德和迈尔科姆·麦克劳伦穿着著名的"性手枪"品牌，开启了一个全新的、被称为"朋克"（PUNK）的次文化运动。（图2-50）

今天，音乐和时尚的关系如此密切，以至于在我们现在这个年代，美国大牌的嘻哈和说唱歌星肖恩·约翰和罗科威尔，正在建立起他们自己的时尚品牌，并通过音乐推广他们的品牌。

正是因为这些密切的联系，音乐和电影毫无疑问会成为你希望探究的领域，无论是从时尚缪斯的角度开始你的系列设计，还是将电影作为设计主题，都可以作为你调查研究的一个方向。

11. 街头和年轻人文化

我们已经看到时下流行潮流的重要性，而且这些潮流时常会与全球趣味和文化趣味以及品味的变化有着密切的关联。同时，我们也提到了"升腾效应"以及流行趋势如何形成于街头并对T台设计和最终的主流时尚带来影响。因此，很重要的一点是，在调研过程中应该包含来

图2-51 街头年轻人文化

图2-52 2011年三宅一生作品

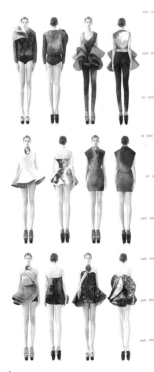

自于街头以及次文化或者特殊趣味群体的、可能存在的灵感来源。
（图2-51）

这种影响力可能来自于服装样式的潮流，如来自日本东京的玩偶娃娃风貌、洛杉矶市区的滑雪板风貌或者20世纪90年代开始兴起的纽约俱乐部顽童风貌。

所有这些次文化年轻群体都拥有他们各自统一的着装风貌和样式，而且，从服装到化妆和造型方面，都对很多设计师过去发布的系列产生过影响。

通过观察和体验街头时尚以及任意时刻、任何城市出现的事物，你都可以过滤出当下的流行趋势和趣味，并判断出哪个是新鲜的、全新的并且具有潮流指向作用的。

但是，因为旧有的街头样式对当代设计师已经产生了影响，所以，我们也要对街头文化进行回顾。

12. 新技术

时尚行业中新技术的发展一直以来都在设计和调研进程中起着重要作用。

20世纪60年代出现的合成纤维技术的迅猛突破以及对太空和未来的极大兴趣，为年轻一代设计师带来了灵感，如玛丽·奎恩特、安德烈·库雷热和皮尔·卡丹。

近些年来，在数字印花技术方面已经有所发展。像巴索和布鲁克、曼尼诗·阿罗拉这样的设计师，在他们系列设计的签名印花图案中已经充分运用了这些新技术。而像三宅一生、侯塞恩·卡拉扬和渡边淳弥这些设计师则运用新一代面料和材料来设计他们的服装。（图2-52、图2-53）

值得注意的是，不仅创意成分，而且那些为设计师提供大力支

图2-53 新型面料设计的时装

持的生产商与制造商，都会受到新技术突破困难的限制。而计算机的运用以及它所带来的难以置信的发展，正成为科技得以提升、推进并对时尚行业中大量的加工过程带来革新的途径之一。

作为一名设计师，在着手一个全新的系列设计时，能够考虑这些新技术和未来可能出现的科技创新，这一点很重要。

13. 流行预测和流行预测机构

流行预测和流行预测机构也可以成为潜在的灵感源。（图2-54）

如前所述，当你为一个新的系列设计或者一个新品牌的研发进行调研时，对街头文化、新潮流、新技术和全球趣味拥有敏锐的感觉是极其重要的。

追随潮流不仅仅只是去关注流行，而且也是指对人口统计、行为、技术和生活方式的关注。客户分析常常会对设计师在今后创作出适合人们穿着的服装和饰品有所帮助。公司将会花费巨额预算来深入透视市场和设计理念所锁定的方向。

图2-54 流行预测

流行预测机构是指为了对时尚行业起到支撑作用而建立起来的公司，专门关注时下的流行趋势和文化诉求。通过市场调研，他们可以针对社会上即将流行起来的理念和方向为设计师提供管窥之见。这些理念可以以色彩、面料、细节和造型的形式呈现出来，作为时装设计师，所有这些元素对于创造性的设计进程来说都是必不可少的。

这些机构所发布的信息可以通过专业的杂志和流行趋势书籍获得，也可以通过贸易展会上的展示获得，如巴黎的"第一视觉"。

14. 手稿图册

作为一名设计师，能够对手稿图册中的设计理念进行探索和试验并将它们充分表现出来是十分必要的。概括地说，一本手稿图册就是将你收集到的所有信息资料进行拼贴和加工的地方，而且就设计理念来说，它可以成为一个非常私人和个性的空间。（图2-55）

图2-55 设计师的手稿图册

　　调研成果也可以表现为一系列故事板的形式。这是设计工作室常常采用的方法，在那里，图片、照片、绘画、面料和边饰都会贴在布满灵感图片或者一系列基调板的墙面上。

　　手稿图册不仅仅可以为你自己私人享用，而且也可以成为一个工具，用来向其他人描述并展示一个系列以及你所经历的旅行。

　　对于你的指导老师来说这常常是必不可少的资料，因为它将表明你如何思考和感知你周围的世界，同时证明你有能力成为一位具有创造力的思想者。在设计工作室里，它也可以成为你与其他人分享的信息资料，以使你们为同一个系列的主题达成一致意见，例如，它可以使一位纺织品设计师、一位制版师和一位造型师共同合作。

　　调研手册不仅仅是填满零散书页和照片的剪贴簿，而且还是一个对信息资料进行学习、记录和加工处理的地方。一本手稿图册也应该尝试用多种表达方式对信息资料进行探索和试验。

15. 绘画

　　绘画是一个非常基础的过程和技巧，你必须要去不断探索和完善。它是在现场记录信息的理想手段，换句话说，它是收集一手信息资料的好方法。（图2-56）

图2-56 印象派油画

　　运用各种不同的绘画工具，如铅笔、钢笔和颜料，你可以利用从灵感素材中提炼出来的线条、肌理、色调和色彩来探索其各自的特点和风格样式，同时使你的调研和设计得到深入发展。

　　将作为灵感来源的物体或图片的全部或者部分画出来可以帮助你理解其中所蕴含的造型和样式，你可以依次将这些线条转化成为设计或者纸样的裁制。通过绘画探索到的笔触和肌理效果也可以在你的设计中转化成为面料的参考图案。

　　发展你的视觉语言技巧十分重要，它是贯穿于整个创造性调研进程而需要你不断去做的事情，而绘画只不过是其中的一部分。

第三节　设计拓展

从创意板上提取设计思想，并将其转换成为服装效果图，这一阶段称作设计拓展。如何实现这一过程没有固定方法，技巧在于向有兴趣的方向推进理念，使它发展下去。想着你的精选系列服装，你应该着眼于准备大量的不同款式，比如不同的长度、廓形、面料、色彩等。记住不是所有的设计都是有效的，这个方法是实现一个成功设计的重要部分。

在设计中，一次完成一至两个想法。比如，可能你想将裁剪精良的长裤和夸张露肩的夹克进行一个组合，或者把简单的衬衫搭配铅笔裙，铅笔裙装饰有夸张的、令人惊奇的底摆。服装设计目标应既要有可穿性，又要体现原创主体。设计进度安排：将最初来自于草稿簿的想法在创意板上体现，直至演变到设计发展阶段，这就是设计过程的组成部分，也是设计思想的发展、转变过程。

想要创造成功的系列设计，所有上衣（夹克、外套、绒衣、羊毛衫、衬衣、上装和T恤）应该能够搭配所有下装（长裤、裙子、短裤）。同样重要的是，每件衣服的细节要均衡。领子的宽度和口袋平衡吗？袖口看起来属于另一件衬衫吗？为了设计好细节，你要对精选系列反复推敲。然而这样你的设计又很容易就过头了，称作"过度设计"，因此你还要对此控制，防止过度设计。（图2-57）

图2-57　系列拓展设计

第四节　选择面料、人台试样

1. 面料的选择

作为一个时装设计师，了解面料所具备的特性和如何把面料更好地运用于人体，以及面料的功能性和美观性非常重要。

最优秀的设计师对面料的特性有着深刻的理解，懂得如何运用这些面料达到最佳的设计效果，懂得如何运用他们进行服装设计。如果没有这些技能，最好的设计理念也只是纸上谈兵。当设计师进行设计的时候，要试着把廓形设计和细节设计与面料选择结合起来，反之亦然。有些设计师以运用面料进行服装设计而著称，有些设计师则擅长运用细部和廓形设计，但这些设计仍然需要选择合适的面料。一件拙劣的设计可以用绝好的面料来增色，但是一件绝佳的设计中极少用到糟糕的面料。

考虑一下你的服装设计想要达到的目的是什么。你是否追寻用华丽的印花或是有装饰物的服装作为样品在T台上进行炫目展示？你可能需要一种面料来突出你的剪裁、接缝线和省道的设计细节——羊毛针织面料显然不行，简单的平纹织物则能很好地达到你想要的效果。你想要设计什么样的廓形？合体的廓形可以用特制的机织面料、弹力面料或斜裁面料来实现。不贴体的廓形结构可以由厚的精纺毛料或是挺括的透明硬纱加法式缝方式来实现。

在设计服装时，穿用季节会影响设计对面料的选择。厚重的面料更多用在秋冬服装上，而轻薄透气的面料则用在春夏季。但是，因为我们生活和工作在舒适的空调环境中，现在已经可以在不同的季节穿着各种面料的服装。

还需考虑面料的耐穿性能和功能。它是应耐穿、易清洗打理，还是要在特定的场合穿着并能干洗？如果是在恶劣气候下穿着，还要考虑最合适的面料和结构处理方式。

最后考虑使用的面料成本是多少？它和你的目标市场定位相符吗？一件高级时装以使用最高档的特色面料为特征，而商业街时装则由价格稍便宜、耐穿易洗的高性能面料制成。

常见的面料品种有：

（1）平布

采用平纹组织织制是平布的共同特点，织物中经纬纱的密度和经纬纱的线密度相同或相近。根据所用经纬纱的粗细，可分为细平布、中平布和粗平布。

①粗平布又称粗布，大多用纯棉粗特纱织制。其特点是布身厚实、粗糙，布面棉结杂质较多，坚牢耐用。市销粗布主要用作服装衬布等。在沿海渔村、山区农村也有用市销粗布做被里、衬衫的。经染色后作衬衫用料。

②中平布又称市布，市销的又称白市布，采用涤棉纱、棉粘纱、中特棉纱或粘纤纱等织制。其特点是布面平整丰满，质地坚牢，结构较紧密，手感较硬。市销平布主要用作衬里布、被里布，也有用作被单、衬衫裤的。中平布大多用作色布、漂布、花布的坯布；加工后用作服装布料等。

③细平布又称细布，采用细粘纤纱、特棉纱、涤棉纱、棉粘纱等织制。其特点是质地轻薄

紧密，布身细洁柔软，布面杂质少。市销的细布主要用途同中平布。细布大多用作色布、漂布、花布的坯布；加工后用作裤子、内衣、罩衫、夏季外衣等的面料。

（2）府绸

这种织物也用平纹组织织制。同平布相比不同的是，其经密与纬密之比一般为1.8~2.2：1。由于经密明显大于纬密，织物表面形成了由经纱凸起部分构成的菱形粒纹。织制府绸织物，常用涤棉或纯棉细特纱。根据所用纱线的不同，分为线府绸（经纬向均用股线）、半线府绸（经向用股线）、纱府绸。根据纺纱工程的不同，分为精梳府绸和普梳府绸。以织造花色分，有缎条缎格府绸、隐条隐格府绸、彩条彩格府绸、提花府绸、闪色府绸等。以本色府绸坯布印染加工情况分，又有杂色府绸、漂白府绸和印花府绸等。各种府绸织物均有质地细致、布面洁净平整、光泽莹润柔和、粒纹饱满、手感柔软滑糯等特征。府绸是棉布中的一个主要品种，主要用作夏令衣衫、衬衫及日常衣裤的面料。

（3）麻纱

麻纱通常采用平纹变化组织中的纬重平组织织制，也有采用其他变化组织织制的；采用涤棉纱或细特棉纱织制，且经纱捻度比纬纱高，比一般平布用经纱的捻度也高，因此使织物具有像麻织物那样挺爽的特点。织物表面纵向呈现宽狭不等的细条纹。这种织物条纹清晰，质地轻薄，穿着舒适，挺爽透气；有染色、色织、漂白、印花、提花等品种；用作夏令儿童衣裤、男女衬衫、裙料等的面料。

（4）斜纹布

斜纹布通常采用2/1╲组织织制，织物正面斜纹纹路明显，反面比较模糊；经纬向均用单纱，线密度接近，织物经密略高于纬密。用中特纱织制的称粗斜纹布，用细特纱织制的称细斜纹布。所用原料有粘纤、纯棉和涤棉等。斜纹布布身手感柔软，紧密厚实；少量市销，主要用作内衣裤和被里；大多加工成花布和色布。色细斜纹布用作运动服布料制服和服装夹里面料；花斜纹用作儿童、妇女衣着面料。大花斜可用作被面面料。

（5）卡其

卡其系斜纹组织织物。品种按所用经纬纱线分，有纱卡（经纬均单纱）、半线卡（经向股线，纬向单纱）和线卡（经纬均用股线）。纱卡采用3/1╲组织织制；半线卡采用3/1╱组织织制；线卡采用2/2╱组织织制，正反面斜纹纹路均很明显，又称双面卡。半线卡、纱卡都是单面卡。卡其所用原料主要有涤棉、纯棉等。这种织物的纹路明显，结构紧密厚实，坚牢耐用；染色加工后主要用于春、秋、冬季服装布料及雨衣、风衣面料。纱卡多用作工作服和外衣面料。

（6）哔叽

哔叽也用斜纹组织织制。根据经纬向所用材料的不同，分为线哔叽（经向股线，纬向单纱）和纱哔叽（经纬均用单纱）两种。前者用2/2╱，后者用2/2╲。哔叽比相似品种的华达呢、卡其结构松，纱哔叽又比线哔叽结构松软。这种织物，正反面斜纹方向相反，质地厚实，手感柔软；所用原料主要有棉粘、纯棉和粘纤。哔叽多作漂染坯布，染色后用作童帽、男女服装的布料。纱哔叽还用于印花；加工后用作儿童、妇女衣料等。

（7）华达呢

华达呢也用斜纹组织织制。其特点是经密比纬密大一倍左右，因此，斜纹倾角较大。布身比哔叽挺括而不如卡其厚实。织物紧密程度小于卡其而大于哔叽。根据经纬向所用材料的不同，分为全线华达呢（经纬均用股线）、半线华达呢（经向用股线，纬向用单纱）、纱华达呢（经纬均用单纱），但都用2/2╱组织。这种织物所用原料有棉粘、纯棉、涤棉和棉维等。织物的质地厚实，织纹清晰，布面富有光泽。织物经染色后用作春、秋、冬季男女服装的布料。

（8）横贡

横贡又称横贡缎，采用纬面缎纹组织织制。其特点是纬密与经密的比约为5：3。因此，织物表面大部分由纬纱所覆盖。所用纯棉经纬纱均经精梳加工。织物表面光洁，结构紧密，富有光泽，手感柔软。染色横贡主要用作儿童、妇女服装的面料，印花横贡除用作儿童、妇女服装面料外，还用作被套、被面等的面料。

（9）劳动布

劳动布又称牛仔布、坚固呢，多数由2/1╲组织织制。其特点是用棉维纱、特粗纯棉纱等织制。纬纱多为本白纱、经纱染色，因此织物正反异色，正面呈经纱颜色，反面主要呈纬纱颜色。按经纬所用材料的不同，可分为全线劳动布（经纬均股线）、半线劳动布（经向系股线，纬向为单纱）、纱劳动布（经纬均单纱）。劳动布一般均经防缩整理。这种织物的质地紧密，纹路清晰，手感硬挺，坚牢结实；主要用作工厂的防护服、工作服面料，尤其适宜制作女衣裙、牛仔裤及各式童装。

（10）牛津布

牛津布采用平纹变化组织中的纬方平或重平组织织制。其特点是：在经纬纱中一种是纯棉纱，一种是涤棉纱，纬纱经精梳加工；采用细经粗纬，纬纱特数一般为经纱的3倍左右，且涤棉纱染成色纱，纯棉纱漂白。织物布身柔软，色泽柔和，穿着舒适，透气性好，有双色效应；主要用作运动服、衬衣和睡衣等的面料。

（11）青年布

青年布是用平纹织制的纯棉织物，一般经、纬纱的线密度相同，织物中经纬密度接近。其主要特点是：在经纱和纬纱中一种采用漂白纱（色经漂纬或色纬漂经），另一种采用染色纱，布面有双色效应。织物质地轻薄，色泽调和，滑爽柔软；主要用作内衣、衬衫和被套面料等。

（12）线呢

线呢是色织布中的一个主要品种，外观类似呢绒。按经、纬向用料分，有半线呢（经向用股线，纬向用单纱）、全线呢（经、纬均用股线）；按使用对象分，有女线呢、男线呢。线呢所用的原料，有涤棉、纯棉、涤粘、维棉、涤腈等。织制线呢用的经纬纱线，有用单色股线的、花式捻线的、花色股线的，也有用混色纱线的。所采用的织物组织，有用三原组织及其变化组织的，有用联合组织的，也有用提花组织的。利用各种不同原料、色泽、结构的纱线和织物组织的变化，可设计织制多种花型、色彩和风格的产品。男线呢中的代表性产品有马裤呢、派力司、康乐呢、绢纹呢、绉纹呢等；女线呢中的代表性品种有条花呢、格花呢、夹丝女花呢、提花呢、结子线呢等。线呢类织物质地坚牢，手感厚实，毛型感强；主要用作裤子面料或春、秋、冬各式外衣面料。线呢缩水率比较大。

（13）平绒

平绒又称丝光平绒，是采用起绒组织织制的纯棉织物。其特点是：纬向采用单纱，经向采用精梳双股线。按加工方法可分成纬起绒和经起绒，前者称割纬平绒，后者称割经平绒。织制后的织物再经轧碱、割绒，然后进行染色或印花的一系列加工，最后形成成品。平绒织物具有绒毛丰满平整、质地厚实、手感柔软、光泽柔和、耐磨耐穿、保暖性好、不易起皱等特点；主要用作鞋帽的面料和妇女春、秋、冬季服装的面料等。

（14）灯芯绒

灯芯绒是用起毛组织织制的。由于学用纬起绒方法，表面绒条像一条条灯芯草，故称灯芯绒。根据所用材料，可分为半线灯芯绒（经向用股线，纬向用单纱）、全线灯芯绒（经纬均用股线）和全纱灯芯绒（经纬向均用单纱）。所用原料有涤棉、纯棉、氨纶包芯纱等；按加工工艺分，有印花、染色、提花、色织等不同的品种；按每2.54cm（1英寸）宽织物中绒条数的多少，又可分为阔条灯芯绒（<6条）、粗条灯芯绒（6~8条）、中条灯芯绒（9~14条）、细条灯芯绒（15~19条）和特细条灯芯绒（≥19条）等规格。这种织物的质地厚实，绒条丰满，保暖性好，耐磨耐穿；主要用作春、秋、冬季男女服装以及牛仔裤、衫裙、鞋帽、童装等的面料。

（15）绒布

绒布是坯布经拉绒机拉绒后呈现蓬松绒毛的织物，通常采用斜纹或平纹织制。其特点是：织物所用的纬纱粗而经纱细，纬纱的特数一般是经纱的一倍左右，有的达几倍；纬纱使用的原料有涤棉、纯棉、腈纶。绒布品种较多，按织物组织分有哔叽绒、平布绒和斜纹绒；按绒面情况分有双面绒和单面绒；按织物厚满分有薄绒和厚绒；按印染加工方法分有杂色绒、漂白绒、色织绒和印花绒。色织绒按花式分又有格绒、条绒、芝麻绒、彩格绒、直条绒等。绒布保暖性好，吸湿性强，手感松软，穿着舒适；主要用作男女冬季裤、衬衣、衬里、儿童服装等的面料。

（16）绉布

绉布又称绉纱，是一种纵向有均匀绉纹的薄型平纹棉织物。其特点是：纬向采用强捻纱，经向采用普通棉纱，织物中经密大于纬密，织成坯布后松式染整加工，使纬向收缩约30%，因而形成均匀的绉纹。所用原料为涤棉或纯棉。经起绉的织物，可进一步加工成杂色、漂白或印花织物。绉布质地轻薄，绉纹自然持久，手感挺爽、柔软，富有弹性，穿着舒适；主要用作各式裙料和衬衫、浴衣、睡衣裤、儿童衫裙等的面料。

（17）泡泡纱

泡泡纱是一种布面呈凹凸状泡泡的薄型纯棉或涤棉织物。其特点是利用化学的或织造工艺的方法，在织物表面形成泡泡。按形成泡泡的原理，泡泡纱主要分为色织泡泡纱和印染泡泡纱。前者是利用地经和泡经两种经纱，泡经纱线粗且超量送经，使其在泡经部分形成泡泡。根据所用材料的不同，泡泡纱分半线泡泡纱（经向为股线，纬向为单纱）和单纱泡泡纱。后者是利用氢氧化钠对棉纤维的收缩作用，使碱液按设计的要求作用于织物表面，在受碱液作用和不受碱液作用的织物表面，由于收缩情况的差异而产生泡泡。若采用涤纶与棉相间隔的经纱或纬纱织造，则可利用在碱液作用下两种纤维收缩率的不同也可形成泡泡。印染泡泡纱有色泡泡纱。色织泡泡纱有的是半线泡泡纱。泡泡纱的立体感强，外观别致，质地轻薄，凉爽舒适，穿着不贴体，洗后不需熨烫。主要用作儿童、妇女的夏令裙、衫、睡衣裤等的面料。

（18）条格布

条格布是色织布中的大路品种，花型大多为格子、条子。其特点是：经、纬纱线用两种或两种以上颜色的纱线间隔排列，且大多以平纹组织织制，也可用蜂巢组织、纱罗组织或小花纹织制。单是经纱用两种或两种以上颜色，得到的是彩条或色条；经纬均用两种或两种以上颜色，得到的是彩格或色格。原料有涤棉、纯棉、棉维等。按格型和条型以及色泽深浅可分为深色格布、深色条布、浅色格布、浅色条布。深线条格布大多为全纱织品，少数为全线织品。其他还有哔叽条格、彩条格斜（以斜纹组织织制）和嵌线条格（在条格边沿嵌色线）等。条格布质地布面平整，条格清晰，轻薄滑爽，配色协调。主要用作内衣衫裤、夏令衣衫、冬令鞋帽里布及衣里等的面料。纯棉条格布缩水率比较大。

（19）纱罗

纱罗又称网眼布，是用纱罗组织织制的一种透孔织物。其特点是由绞经、地经这两组经纱与一组纬纱交织，常采用细特纱并用较小密度织制。所用原料常为涤棉、纯棉及各种化纤。按加工不同，可分为漂白纱罗、色纱罗、色织纱罗、印花纱罗、提花纱罗等。纱罗织物布面光洁，纱孔清晰，布身挺爽，透气性好。主要用作夏季披肩和蚊帐等的面料。

（20）玻璃纱

玻璃纱又称巴里纱，是一种用平纹组织织制的稀薄透明织物。其特点是：经纬均采用细特精梳强捻纱，织物中经纬密度比较小，由于"稀"、"细"，再加上强捻，使织物稀薄透明。所用原料有涤棉、纯棉。织物中的经纬纱，或均为单纱，或均为股线。按加工方式不同，玻璃纱有漂白玻璃纱、染色玻璃纱、色织提花玻璃纱、印花玻璃纱等。玻璃纱织物的布孔清晰，质地稀薄，手感挺爽，透明透气。（图2-58）

图2-58 涤棉衬衫面料

性能——高性能面料或高科技可以在纤维制造、服装缝制甚至服装整理等生产阶段形成。在服装设计中可以创造性地运用高性能面料，例如，在黏胶超细纤维中加入微囊剂，这些微型胶囊包含特定的化学物质，当纺纱或织造时，会导致形成一种抗紫外线的面料，可用于沙滩装和童装。还有，羊毛可以通过煮毛和衔缝来让人御寒甚至是抗压防磨，是外套面料的理想选择。棉织物在层压整理后能防水，可用于运动服。智能面料的新发展会给面料带来更多更新的特性。例如，有记忆功能的面料能变色，甚至可以用作通信接口。设计师会运用技术性能高的面料来提高服装艺术品位，而不仅仅是实现它们的基本功能。比如，氯丁橡胶原是用来做潜水服的，但是由于它的组织紧密，因此也可以用来创造新型服装结构。

悬垂性——具有松散结构的薄型面料一般比结构紧密的厚重面料悬垂性要好，但是纤维的含量和后整理也都对面料的悬垂性起着重要的作用。这也取决于服装所需的悬垂类型，例如是自然流畅的悬垂还是非常宽大的褶皱和形状。购买面料时，将面料展开，披在身上观察其悬垂形式，看是否适合想要的悬垂效果。

量感——可通过使用厚重、起毛面料来达到服装的量感，但也可以用大量可以打褶裥的轻薄面料来实现；还能使用能容纳空气的织物制成服装，使该服装具有一定的膨松度；量感同样可以通过接缝和省的使用来实现。在设计量感时人体与服装的接触部位以及服装与人体之间的造型是一个重要的考虑因素。

成本和有效性——如果不是自己生产面料的话，就必须得考虑去哪儿买面料。你可能只需要单件服装的面料，又或许你需要买更多的面料来批量生产你所设计的服装。如果只是做单件服装，你可以去市场、旧面料展销会、跳蚤市场或是在旅行和假期时间寻找面料；假如要大量销售你设计的服装产品，你就得考虑去那些能大量供应且需要时还能再次供货的市场购买。如果去商店购买面料，应了解商店现有的备货情况，希望它能源源不断供货。更保险一点的做法是，去有一定存货量的面料批发商那里购买，因为他们有可供购买或在订购的货品目录。但是这仍然存在着风险，因为在你需要时他们不一定有某种颜色面料的存货。

参加"第一视觉"那样的面料展销会是不错的选择，但是对于学生来说可能并不现实，因为面料供应商销售的面料有最低订货限制，对于学生区区几米的面料采购量，他们满足不了要求，而且，如果供应商没有接到足够的订单，一些贸易展销会上展出的面料就不会投入生产。在展销会上购买面料时要仔细核对价格，弄清是否存在像投递或者是附加（如最低订货量）费用等潜在费用，还要记住供货商的纳税人登记号。（图2-59）

图2-59 面料博览会

市场定位和风格——考虑一下你所设计的服装的定位。服装工业可以简单地归为以下几类：超市服装、商业街时装、独立设计师时装（生产小批量的服装）、成衣设计师服装（在世界几大主要城市的时装周上展示）、高端奢侈品牌（像Gucci和Prada）、高级定制服装以及从品牌到产量大小各异的休闲和运动服品牌，如Levi's和Adidas等。有趣的是，大多数面料可以在服装工业的各个层次找到，重要的是面料制成的服装类型以及它的预期价值（也就是消费者愿意支付的价钱）不同。但是，人们看到更多的却是某些面料出现在特定档次的服装商那里，例如，运动服和休闲服更会使用耐久和有弹性的技术性面料。超市服装可能会使用廉价面料，但因为大批量生产，需要的面料量大，所以跟独立设计师相比，能以比较低的价格买到好的面料。中等价位的街头时装应当可以水洗，可穿性较好，这个档次的服装非常具有竞争力，而且消费者也希望服装具有这些品质。成衣设计师会尝试使用创新独特的面料，使自己的服装与其他成衣设计区别开来。成衣设计师的样品可以不用在T台上表演，这些纺织品可能永远不需要洗涤，而且也不需要耐穿，这就为设计师留有更多的创作空间。同时，为了设计纺织品需要做的工作可能成本花费太高以至于无法进行生产。高级时装则是唯一的一个领域，在这个领域中服装的面料可以很昂贵，而且可以不需要洗涤或经久耐穿。

不管你设计的是男装、女装还是童装，一定不要忘记这一点：有些面料可能很难用于男装，因为它们太女性化，某些童装面料也有安全选用准则，尤其是童睡衣。

在进一步认知面料的过程中，不同的形象所需要的色调有所不同，这些差异会对面料的制作产生怎样的影响？例如，透明的面料、印花、印染技术、层染技术，会给面料的色彩带来什么样的效果？还有其他的方法可以用来给面料染色吗？

面料的质地是什么样的？如何根据质地来选择面料？构成面料的各种成分的比例是什么样的？如何在实践中强调织物的质感？

2. 人台试样

如果你有一个人台，还有面料或印花布，那么可以在人台上悬垂不同面料，来设计服装造型。直接在人台上设计服装能让你看得更直观，从人台试样中产生设计想法，琢磨服装的大小尺度，观察不同面料的悬垂效果以及面料成形的三维效果。在人台上，你的所有设计都将成功。（图2-60、图2-61）

了解面料是成为一个成功设计师的重要环节，任何时候，在开始设计之前，先了解面料的悬垂感、弹性、重量和质地。你的设计是在女体人台上做，当面料在人台上悬垂，你自然会产生有关立体造型的想法。从调研中选取最好的想法尝试，时刻把调研当作向导。每取得一点进步都要记录下来，这样你便会汇集成一部设计构思参考书，以便以后使用。

面料的悬挂效果是怎样的？

时装设计师对于不同的造型和面料在人台上的悬挂效果要非常了解。这种了解会随着你的设计过程自然发展，最终将设计变成成衣。记住，任何两个人的设计都是不同的，不要害怕你的个性和创意火花出现。努力尝试，成为自己所憧憬的那类设计师，重点考虑那些你希望在最终设计中展现出来的面料和设计。

图2-60 立裁人台

图2-61 人台试样

第五节　理解比例

合体的、满足人体自然形态的服装能够增强人们的自信心，丰富人们的生活。几个世纪以来，女性的自然曲线被不断地研究、描绘、赞美，理解女性人体和服装比例是实现服装外观设计的关键。

1. 思考你的设计

服装要符合实际，同时还要适合穿着它的女性。大多数女性对自己的身材并不满意，并且希望有所改变。没有任何两个女性的身材完全相同，因此，在你的服装效果图里要提供不同比例的服装，让消费者选择哪个最适合她们。

你应该经常思考服装比例和长度，思考服装制作出来以后将如何搭配以及搭配出什么效果。当你刚开始设计并决定服装廓形时，下面的内容能够在比例上对你作出指导。除非使用弹性面料，否则必须要切实考虑服装的合体分割线条、省道等关键部位的结构设计。

应该满足人们以自己的方式来穿着你所设计的服装。也许她们把裙子穿在裤子外面，或者将羊毛衫穿在连衣裙或衬衫外面，又或者将一件及膝的长外套穿在紧身裤外面。

2. 人体参考部位

女性人体有如右图的这些参考部位，你在设计服装时要了解这些部位与服装的关系。一旦服装效果图完成并开始制作服装纸样时，这些部位就变得非常关键。（图2-62）

3. 服装比例

你的服装系列设计应该有着丰富的比例变化。另外，你应该掌握如图2-63所示的这些长度名称。这些数据模板表示了不同时装分割的比例和长度，它们能够在服装局部尺寸设计方面帮助你。

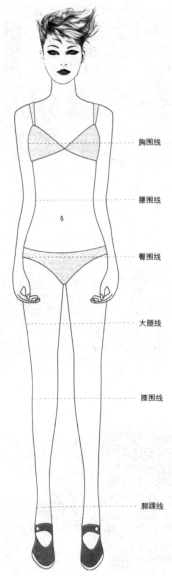

胸围线
腰围线
臀围线
大腿线
膝围线
脚踝线

图2-62 人体参考部位

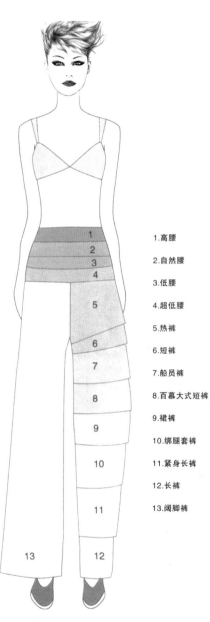

1.高腰

2.自然腰

3.低腰

4.超低腰

5.热裤

6.短裤

7.船员裤

8.百慕大式短裤

9.裙裤

10.绑腿套裤

11.紧身长裤

12.长裤

13.阔脚裤

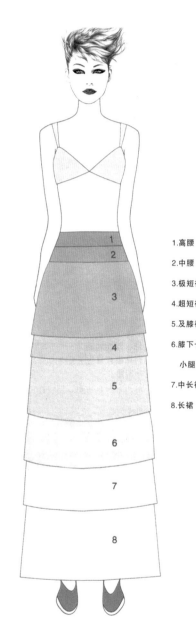

1.高腰

2.中腰

3.极短裙

4.超短裙

5.及膝裙

6.膝下长裙（长及
  小腿肚的裙子）

7.中长裙

8.长裙

图2-63 服装比例

第六节　确定廓形

服装廓形是指服装穿着在人体上的形状。在今天竞争激烈的时装世界里，每个服装公司都花费大量时间、金钱以及创造力的努力，试图开发鲜明的服装廓形，从而使得他们的服装系列更加突出。

你的学习可以从认识现在流行什么服装廓形开始。观察人们穿什么，分析流行的比例是什么。在这项视觉性的结构设计中，能够培养你的设计能力，使你根据调研、创意板的内容以及所选面料来设计廓形。

一般来说廓形的变化比较缓慢，几十年不变，而且有很多外部因素影响着它的变化。因此，只有了解廓形变化的历史，才能创造新的廓形。每位设计师都应该了解女装廓形的历史，并且要经常参考过去的廓形。有良好的历史洞察力能够帮助你了解当今的流行趋势，拥有更深层的创新能力，并且在你描述自己的作品时有更有利的论据。（图2-64）

图2-64 服装廓形变化

以下内容是对20世纪女装廓形的回顾。作为创造性思维的一部分，你应当学习历史上的经典服装造型。

1. 20世纪初

时间：维多利亚时期（1900~1914年），被称作"奢华年代"。这一时期的时尚规则是严格和拘谨的。

图2-65 20世纪初的服装

廓形：在这个时期，穿着紧身胸衣的女装廓形是S形或沙漏形，紧身胸衣包括纤细的腰部和与之相连的胸部，并与浑圆的臀部相平衡。如果臀部曲线不明显，就要在裙子下面增加一个臀垫作为支撑。（图2-65）

2. 20世纪10年代

时间：1914年，第一次世界大战爆发，这十年发生了巨变。动力机车的发明，女权运动，越来越多的女性外出工作，越来越强烈的社会经济独立意识，这些都意味着束缚身体的紧身胸衣已经不再适合新的生活方式。战争也促使人们少些浮华度日。（图2-66）

廓形：受中东式长裙和伊斯兰裙的影响，波烈创造出蹒跚裙。尽管这

图2-66 20世纪10年代的服装

种裙子比紧身胸衣容易穿着，但是它的底摆非常窄，给行走带来困难。后来，底摆升高1~2英寸，由蹒跚形变为可穿性更强的喇叭形，其中一些还打褶或者层层叠叠，与柔软圆润的肩部相协调。

代表人物：法国设计师保罗·波烈（Paul Plirot）。

3. 20世纪20年代

时间：在喧嚣的20世纪，一个被称作"男孩子式"的新廓形出现了。

代表人物：可可·香奈尔（Coco Chanel）、让·帕图（Jean Patou）。

廓形：这一时期的廓形是平胸、平臀、宽肩、低腰。这一时期的大多数裙子的长度刚及小腿，有手帕式的或不对称的下摆，使得更短的款式得以出现。这一简单廓形让家庭制作的服装可以模仿流行款式，时尚变得很容易做到，而不只是有钱人的特权。（图2-67）

图2-67 20世纪20年代的服装

4. 20世纪30年代

时间：20世纪30年代，世界性的经济衰退和华尔街破产引发了人们大规模失业，最终演变成了历史上有名的世界经济大萧条。巴黎的时尚界也承受了惊人的商业损失。其中很多公司试图打破价格标签，推出更便宜、更普及的产品线。

廓形：流畅的、没形的20世纪廓形被更柔和的、更女性化的廓形所代替，这一廓形强调曲线，腰线回到了自然位置。历史上第一次出现了裙子的长度在一天中因时间不同而变化。连衣裙的盖肩袖很短，因此披肩被广泛使用。女性工作繁忙，这些实用的、多功能的穿着方式和时尚意识反映了新的生活方式。合体的服装依然受欢迎，搭配空前短的滑冰裙和短裤，在公众场合穿着。（图2-68）

图2-68 20世纪30年代的服装

5. 20世纪40年代

随着第二次世界大战的爆发，欧洲的纺织工业被迫转向军需生产。巴黎与世隔绝，失去了世界时尚中心的地位，很多本土设计师逃往纽约和伦敦。战争岁月里，游手好闲被认为是不爱国的，服装出现了前所未有的功能化。很多妇女开始在军队服务，其余则维持家庭。（图2-69）

廓形：20世纪40年代的廓形是军装外观，厚厚的垫肩形成了方形肩部，搭配实用的及膝裙。

代表人物：法国设计师克里斯汀·迪奥（Christian Dior），发布了他的"新外观"，宣告了一个革命性的廓形来临。

6. 20世纪50年代

20世纪50年代，巴黎重新获得"时尚之都"的桂冠。

廓形：战后，提倡妇女做家庭主妇，女性穿着紧身上衣和宽下摆裙或者箱形的合体夹克搭配铅笔裙。出于对女性魅力的长期渴望，新的廓形产生了。这时期廓形的典型标志是柔软的宽肩、带有胸衣的细腰和丰满的臀部。出于对巴黎最新时装的渴望，服装零售业不断提高仿制时装的质量，因此，高级成衣业变得前所未有的重要。这十年标志着年轻文化和消费社会的开端，成为重要的社会现象之一。（图2-70）

7. 20世纪60年代

社会对于年轻一代的重视程度不断增加，他们的着装品位、音乐喜好和肆意消费，促成了20世纪60年代的保护消费者权益运动。这一时期的时尚很快就"过时"了，流行迅速更替。

图2-69 20世纪40年代的服装

图2-70 20世纪50年代的服装

图2-71 20世纪60年代的服装

廓形：20世纪60年代的廓形是A形以及不同长度的衬衫裙，迷你裙是这个时期的最佳代表。男女相同的男孩子发式风靡一时，流行的发型非常短，剪成球形。（图2-71）

代表人物：杰奎琳·肯尼迪（Jacqueline Kennedy）的"纯真形象"影响了20世纪60年代早期的廓形，如七分袖、圆盆帽、时髦的两件套（连衣裙和开衫）和两片式运动套装。

8. 20世纪70年代

20世纪70代宣告了妇女解放运动和权利（包括义务）运动的开始。旅游的大量增加使时尚全球化，来自世界各地的影响都有可能冲击时尚领域。例如，土耳其长袍、和服式晨衣、耶拉巴斗篷（带尖帽的摩洛哥斗篷）以及来自印度次大陆和非洲的服装款式被转变成长裙和其他舒适的服装。来自全球的服装技巧，如流苏花边、钩编花边开始流行。（图2-72）

廓形：20世纪70年代的廓形是更为轻松的、修长型的。例如：采用浪漫的飘逸面料；乡村风格的套头衫的下摆呈喇叭形，隐藏了腰部的线条；喇叭裤搭配厚底鞋。发型是轻微的卷发。

代表的文化现象：次文化现象、疯狂的摇滚乐和迪斯科代表了20世纪70年代的时尚。

图2-72 20世纪70年代的服装

9. 20世纪80年代

这十年是经济繁荣、过剩、消费保护主义的十年，设计师品牌和高档汽车是炫耀财富和成功的方式，一个表现良好的股票市场意味着有人可以一夜暴富。此时，在一些工作岗位上，女性穿着强势，与男性公平竞争。她们需要生活的一切——成功的事业、平等的社会地位和幸福的家庭。（图2-73）

图2-73 20世纪80年代的服装

廓形：女装廓形被大垫肩、军装式的垫肩所统治，过大的、丰富多彩的珠宝、宽腰带、膝上窄裙和带有匕首跟的尖头鞋。

10. 20世纪90年代

时间：在物质过剩的80年代之后，开始出现被称作"极少主义"的形式。随着网络的出现，时尚开始全球化，少了垄断，多了选择，人们可以自由选择自己喜欢的衣服。（图2-74）

廓形：尽管90年代没有占据绝对优势的廓形，但是有一种廓形非常流行，那就是时髦、性感的两件式裤套装。长裤搭配简单的窄肩衬衫，再加上少量突出的饰品。

图2-74 20世纪90年代的服装

第七节　选择色彩

一、选择色彩

1. 色彩

为了能成功设计出一系列时装和纺织品，就必须考虑颜色。对于一个服装系列的氛围来说，色彩是最基本的，并是顾客第一眼所能看到的。对色彩的选择，可能与季节、顾客形象、可利用的面料的种类或者设计师的想法有关。色彩也可能受流行信息的影响，设计师可能会决定选择特定的一季流行色而设计一系列产品。

首先，我们需要了解一些基本的色彩原理和科学搭配颜色的方法。了解这些，我们就可以开始探究设计师如何在设计中运用色彩了。

2. 色彩原理

色彩源于光，太阳光虽然没有颜色，但实际上它是由很多种颜色组合而成的。这一点可以在彩虹中看到。阳光照射在物体上，一部分光会被物体吸收，余下的就会反射进人们的眼睛里。然后这些信息被传到大脑，这时人们就看到了物体的颜色。（图2-75）

想象一下我们可以触摸到的颜色，例如一个物体的表面，像苹果的红色；还有我们不能触摸到的颜色，它是由光束形成的，例如计算机屏幕的光色。我们因此就容易理解色彩了。

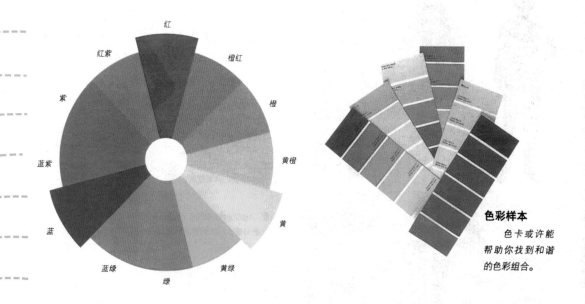

色彩样本
*色卡或许能
帮助你找到和谐
的色彩组合。*

图2-75 色相环和色卡

3. 色彩的语言

理解设计中的色彩语言是很重要的。人的肉眼可分辨的颜色种类大于35万种，但是我们不可能全部把它们记住或者回忆起来。因此，有一种能分辨和交流颜色的方式很重要。通常人们用语言来描述颜色，并且通过联想对一种类型的颜色的描述产生形象记忆，如柠檬黄和桔黄。语言也用来描述特定的色调，例如，冷色由蓝色做底色，而暖色由橙色或红色做底色。水洗色可以被说成是有一点颜色或者颜色弱，白色掺杂在淡色里面，使它们显得灰白而不是微弱。

人们赋予了色彩主观的和象征性的意义。人们把自己的个性特征和联想应用于色彩中，不同的文化对颜色的看法也是不同的。在欧洲，通常把蓝色和男孩联系在一起，白色代表婚礼而黑色代表葬礼。在印度，红色是肥沃的象征，所以也是婚礼的用色，而白色却让人想到葬礼。在大多数的亚洲文化中，皇室的颜色是黄色，而西方文化中却用紫色表示。在中国，红色象征着繁荣、幸运和喜庆，而白色却象征着葬礼和死亡。

过去常常存在这样一种现象，即在某个地理区域往往有些常见的颜色，这是由于在那个地区的某些动物和植物中较容易提取出这些颜色。

4. 色彩心理学

历史、文化和色彩心理学之间有着深刻、复杂的关系。

色彩的自然意象和被赋予的社会意义受到自然、宗教、政治、情感等因素的影响。通常，在不同的文化中，某一特定形象的意义是不同的。红色，在中国文化中有幸运和繁荣的意思，但是在西方文化中，马路标志中的红色则代表危险。不同的文化传达哀悼的颜色也都不相同，在埃及是黄色，在美国是黑色，在伊朗是蓝色，在南非是红色，在泰国则是紫色。

色彩的含义常常来源于历史。蓝色在古罗马时期是公共仆人的专属色，这对应于现代警察的制服颜色。紫色被认为是皇室的颜色，因为古代有禁止奢侈的律法规定，只有贵族才能穿紫色的衣服，因为当时的紫色染剂是从地中海的一种贝壳中提取出来的，制作费时费力，价格昂贵。

和单色一样，颜色的组合也有文化含义。在很长一段时间里，红、绿象征了圣诞假日；而红、白、蓝在很多国家的文化中代表了爱国主义，甚至在某种程度上代表保守主义；在美国，红、橙、蓝、棕则标注从夏季到秋季感恩节的季节变化；白色长期与海军、航海主题联系在一起；而餐厅里经常使用红、黄两色，容易使顾客在心理上产生饥饿感。

色彩心理学揭示，某些特定的色彩可以影响人们的心情。有的颜色会使人感觉消沉，而有的则会让人精神一振；一些颜色使人感觉温暖，另一些则相反。蓝色被认为是使人平静的颜色，黑色和灰色却会让人沮丧。研究这些颜色原理是很有趣的，但是在时尚界，一个系类中色彩的选择多是从艺术效果上考虑而不是从心理学上考虑。不管某些颜色让人感觉是好还是坏，它们若在上一季流行，那么下一季就会被淘汰。（图2-76、图2-77）

5. 影响色彩使用的要点

当你在回顾你的研究和情绪色板时，请分析下列会影响色彩搭配的几个要点。

哪些颜色构成了情绪板的基础色调，其中哪一个颜色最有特点？

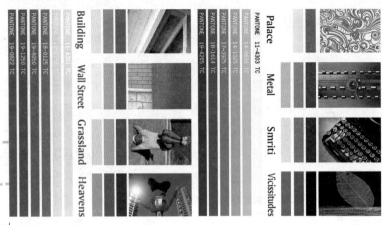

图2-76 流行色

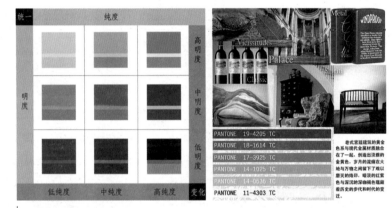

图2-77 色彩组合

基础色和流行色的相互比例是多少？

从你的情绪板上可以提取出多少种基础色？

你使用哪些流行色？它们是均衡使用的还是按不同的比例来使用的？

情绪板上的颜色产生了哪些情绪和感情，它们是如何与你的主题发生关系的？

颜色在情绪板中放置的位置与排列的形态是怎么样的？如何给设计提供灵感？

第八节　制作样衣

一、确定成衣结构

下面列出了不同服装的各种细节结构，不同的袖子、口袋和衣领，供大家参考。

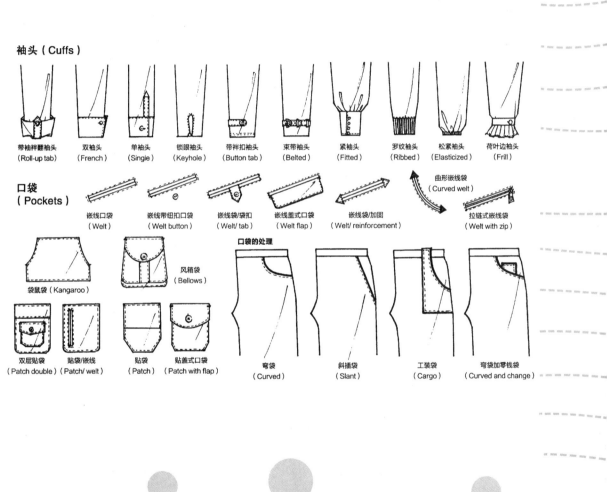

袖头（Cuffs）

带袖襻翻袖头（Roll-up tab）　双袖头（French）　单袖头（Single）　锁眼袖头（Keyhole）　带襻扣袖头（Button tab）　束带袖头（Belted）　紧袖头（Fitted）　罗纹袖头（Ribbed）　松紧袖头（Elasticized）　荷叶边袖头（Frill）

口袋（Pockets）

嵌线口袋（Welt）　嵌线带纽扣口袋（Welt button）　嵌线袋/袋扣（Welt/ tab）　嵌线盖式口袋（Welt flap）　嵌线袋/加固（Welt/ reinforcement）　曲形嵌线袋（Curved welt）　拉链式嵌线袋（Welt with zip）

袋鼠袋（Kangaroo）　风箱袋（Bellows）

双层贴袋（Patch double）　贴袋/嵌线（Patch/ welt）　贴袋（Patch）　贴盖式口袋（Patch with flap）

口袋的处理

弯袋（Curved）　斜插袋（Slant）　工装袋（Cargo）　弯袋加零钱袋（Curved and change）

衣领（Collars)

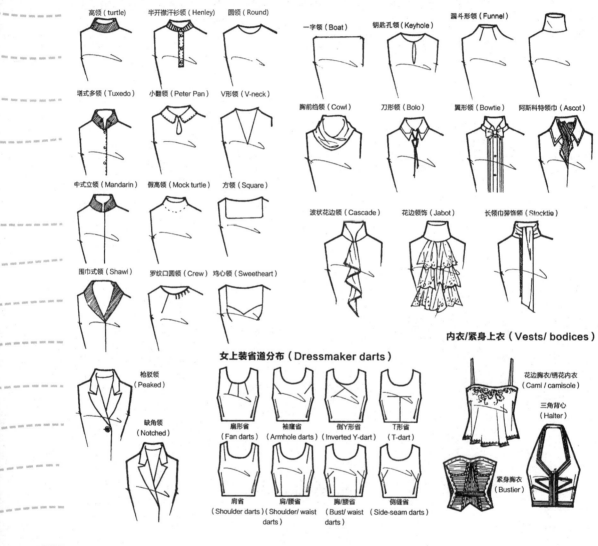

高领（turtle）　半开襟汗衫领（Henley）　圆领（Round）　一字领（Boat）　钥匙孔领（Keyhole）　漏斗形领（Funnel）

塔式多领（Tuxedo）　小翻领（Peter Pan）　V形领（V-neck）　胸前绉领（Cowl）　刀形领（Bolo）　翼形领（Bowtie）　阿斯科特领巾（Ascot）

中式立领（Mandarin）　假高领（Mock turtle）　方领（Square）　波状花边领（Cascade）　花边领饰（Jabot）　长领巾装饰领（Stocktie）

围巾式领（Shawl）　罗纹口圆领（Crew）　鸡心领（Sweetheart）

枪驳领（Peaked）　缺角领（Notched）

女上装省道分布（Dressmaker darts）

扇形省（Fan darts）　袖窿省（Armhole darts）　倒Y形省（Inverted Y-dart）　T形省（T-dart）

肩省（Shoulder darts）　肩/腰省（Shoulder/ waist darts）　胸/腰省（Bust/ waist darts）　侧缝省（Side-seam darts）

内衣/紧身上衣（Vests/ bodices）

花边胸衣/绣花内衣（Cami / camisole）

三角背心（Halter）

紧身胸衣（Bustier）

上衣和细节（Tops and details）

橄榄球衫（Rugby）

马球衫（Polo）

T恤衫（Tee）

野营衫（Camp）

亨利汗衫（Henley）

肩章（Epaulet）

肩章特写

女式背心（Tank）

背心（Vest）

紧身背心（Weskit）

衬衣解析（Anatomy of a shirt）

过肩（Yoke）

领（Collar）

领座（Collar stand）

手巾袋（Breast pocket）

袖子（Sleeve）

前幅（Front panel）

明门襟（Button band placket）

袖头（cuff）

女士上衣和衬衣（Blouses and shirts）

女式无袖背心（Shell tank）

西部牛仔衫衣（Western）

保龄球衫（Bowling）

塔士多礼服衬衫（Tuxedo formal）

海军衫/水手衫（Sailor/ middy）

乡村衬衣/吉普塞罩衫（Peasant / gypsy）

诗人/艺术家罩衫（Poet / artist's smock）

大衣和外套（Coats and outwear)

茧型外衣（Cocoon）

水手短外套（Peacoat）

巴尔玛外套（Balmacaan）

诺福克外套（Norfolk）

摩托夹克
（Motorcycle jacket）

派克大衣（Parka）

堑壕外套（Trench coat）

麦金托什雨衣（Mackintosh）

柴斯特外套
（Chesterfield）

肯特夹克西装
（Kent blazer）

传统夹克西装
（Traditional blazer）

董事套装
（Regency blazer）

达夫尔外套（Duffel coat）

收腰短夹克（Bomber jacket）

短套领衫（Shrug）

无扣女式短上衣（Bolero）

防风上衣（Windbreaker）

猎装夹克（Safari jacket）

半裙（Skirts）

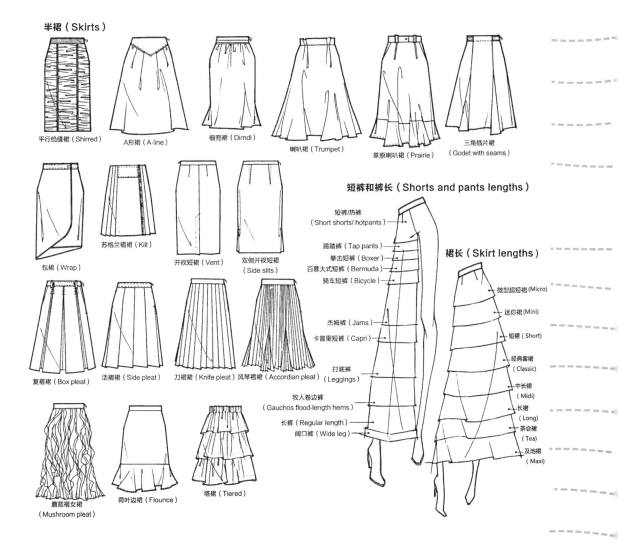

平行绉缝裙（Shirred）

A形裙（A-line）

佃兜裙（Dirndl）

喇叭裙（Trumpet）

草原喇叭裙（Prairie）

三角插片裙（Godet with seams）

包裙（Wrap）

苏格兰褶裙（Kilt）

开衩短裙（Vent）

双侧开衩短裙（Side slits）

复褶裙（Box pleat）

活褶裙（Side pleat）

刀褶裙（Knife pleat）

风琴褶裙（Accordian pleat）

蘑菇褶女裙（Mushroom pleat）

荷叶边裙（Flounce）

塔裙（Tiered）

短裤和裤长（Shorts and pants lengths）

短裤/热裤（Short shorts/ hotpants）

踢踏裤（Tap pants）

拳击短裤（Boxer）

百慕大式短裤（Bermuda）

骑车短裤（Bicycle）

杰姆裤（Jams）

卡普里短裤（Capri）

打底裤（Leggings）

牧人卷边裤（Gauchos flood-length hems）

长裤（Regular length）

阔口裤（Wide leg）

裙长（Skirt lengths）

微型超短裙（Micro）

迷你裙（Mini）

短裙（Short）

经典套裙（Classic）

中长裙（Midi）

长裙（Long）

茶会裙（Tea）

及地裙（Maxi）

连衣裙（Dresses)

绕颈式连衣裙（Halter）

垂褶裙（Wrap）

梯形裙（Trapeze）

衬裙式连衣裙（Slip）

帝政式高腰裙（Empire waist）

泡芙裙（Pouf）

紧身长裙（Sheath）

束腰裙（Blouson）

旗袍（Cheongsam）

衬衫式连衣裙（Shirt dress）

吊带连衣裙（Halter）

二、确定成衣工艺

在结构确定后，要确定成衣的具体工艺，使用什么样的工艺来制作服装，会对设计意图的表现有很大的影响。比如是否做里衬，口袋的形状，有没有特殊工艺，都会直接影响最后成衣的效果。（图2-78 ~ 图2-81）

图2-78 使用包布纽扣和结构线嵌入包布绳使细节更精致

图2-79 采用拼接蕾丝的工艺

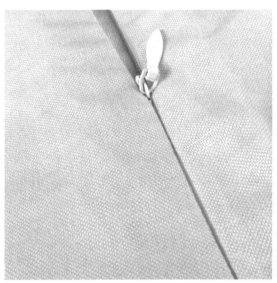

图2-80 确定使用隐形拉链

图2-81 成衣效果

三、试制坯布样衣

所有的衣服必须在正式生产之前试制样衣，并且试制样衣有几种方法。如果是量身定制的服装，要在顾客身上试穿坯布样衣。然而，为时装设计室和高级时装所做的设计则大多数在模特和人台上试穿。（图2-82）

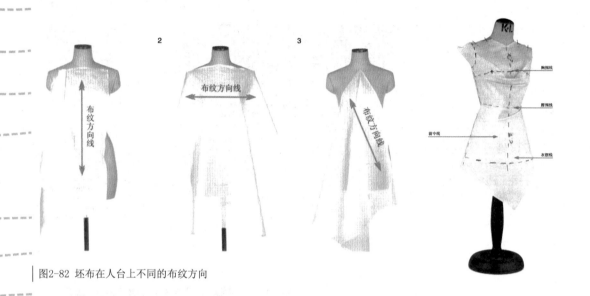

图2-82 坯布在人台上不同的布纹方向

怎样进行试制——首次试衣是用坯布样衣。这种样衣使用与面料重量相近、性能相近的便宜面料替代制作，比如白棉布。白棉布有几种：罩衫和衬衫使用重量较轻的，夹克和裤子使用中等重量的，坯布样衣不需要最终的缝合线、扣子，也不需要加衬和贴边。

在首次试衣间，设计师分析服装的比例和合体度。只有当总体的形态建立以后，设计师才把注意力转移到细节上，包括口袋位置、腰节、领子尺寸和其他细节。这些常常用胶带、马克笔或者用别针别起来，在面料上做标记。

一件试制良好的服装是对设计和体型的完美体现。因此，最好在人体上试制以观察服装的运动性。制作时重点观察的区域是袖窿和袖子、裤子裆部以及上衣胸部位置。在做样板结构之前，确认原型是否合适，能减少不必要的问题。

坯布样衣面料的选择非常重要，因为这将反映最终使用面料的效果。如果想用梭织面料制作成品，应选择重量合适的白棉布。对针织服装而言，应使用重量合适的针织布。如果服装需要斜裁，坯布样衣的布纹方向要正确。不同的纱向使服装的悬垂效果不同。坯布样衣用没有图案的轻色调的面料，这是反映分割线和服装细节的最好方式。

进一步试制样衣——首次试衣之后进行修改。对细节部位，如镶边和装饰等进行考察和讨论，并作出最后的决策。一旦每个人都表示肯定，就可以在最终的面料上裁剪。

这一次的样衣可以使设计师观察最终面料是如何体现在身体上的，但它依然只能是一个基本结构的服装。缝合线没有整理清楚，并且挂面和衬等没有加上。如果需要的话，这个阶段仍然可以进行小的变动。

有些时候，需要制作两次或两次以上的衣服，尤其是在新造型研制阶段。试衣是费时、费力并且花钱的过程，但同时也是制作比例合适、形态合体的服装的必不可少的阶段。（图2-83、图2-84）

修改样板——样板修改是棘手却又不能忽视的过程，因为不合体的服装是卖不掉的。不管人们的身材是高大还是矮小，体态是纤细还是粗壮，都有各式各样的服装可供挑选。顾客肯定不会接受合体度差的服装。

图2-83 进行试制

图2-84 成衣照片

第三章　实例篇

第一节　海军风格系列服装设计实例

一、调研

| 灵感来源

二、面料的选择

汗布：一种薄型针织物。因其吸湿性强，常用作贴身穿着服装。布面光洁、纹路清晰、质地细密、手感滑爽，纵、横向具有较好的延伸性，且横向比纵向延伸性大。吸湿性与透气性较好，但有脱散性和卷边性，有时还会产生线圈歪斜现象。

纯棉粗布：这种布纺出的衣服线条简单，色彩单调，质感也较为粗糙。这几年随着人们消费观念的改变，"绿色，环保，自然"成为人们追求的时尚，昔日的老粗布经过现代工艺的创新和改变，色彩更丰富，触感更舒适，成为适合现代人群需求的新型家纺用品。

棉纱卡：纱卡类属于卡其织物，纱卡的经纬纱都是单纱，斜纹方向是左斜，它的正面有着清晰的斜纹线，反面斜纹线不明显，通常称

之为单面纱卡。全棉纱卡产品具有布面匀整光洁、质朴柔和、定型稳定、吸湿耐磨等特点，多为休闲裤选料，尤其是经过免熨烫处理后，柔软舒适、无折痕的特点更加突出，成为目前休闲类长短裤的首选面料。

三、设计手稿

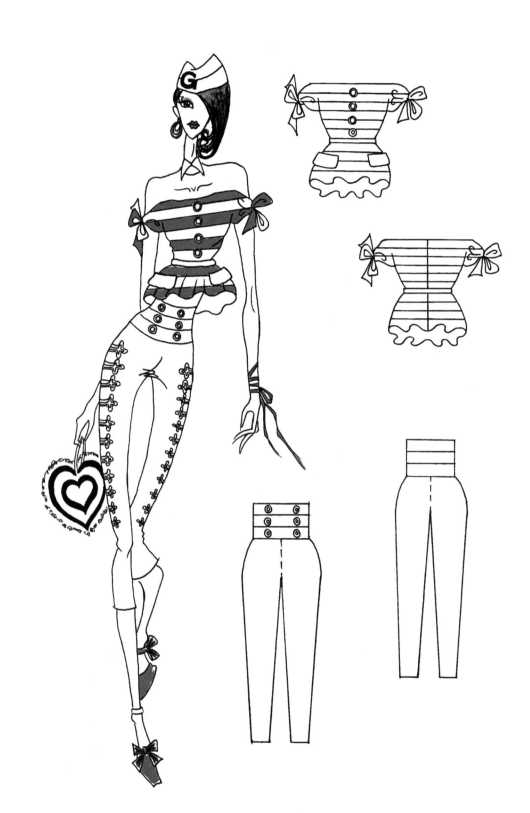

四、CAD制版图

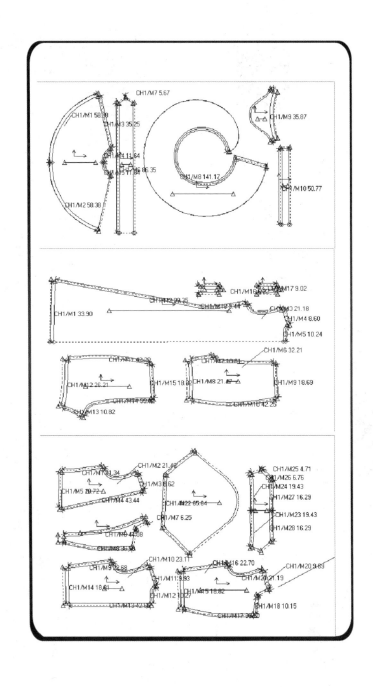

五、成衣

SHOW TIME

第二节　复古女装系列设计实例

一、灵感来源

二、面料选择

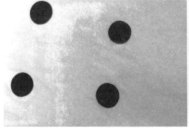

三、设计手稿

四、工艺流程图

拿下白坯布，排料，按样布裁剪面料

在裁剪好的白色双绉真丝面料上烫上真丝衬，使面料更有挺括感

在面料上进行面料再造，进行手工艺处理

缝合衣片

五、成衣

第三节 时尚家居服系列设计实例

一、灵感来源

二、设计手稿

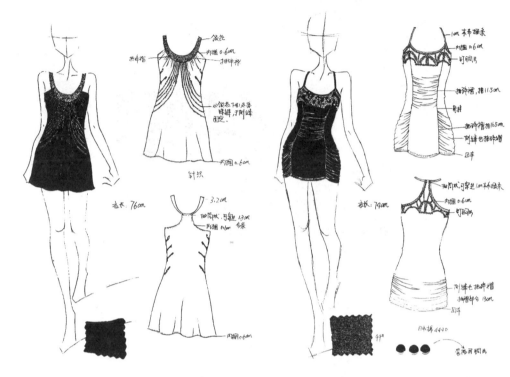

三、工艺流程

卷边性——进行包边、镶接罗纹或滚边以及在服装边缘部位以镶嵌粘合衬条的办法解决。

 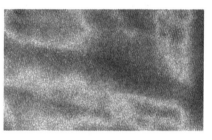

悬垂性过好——和色丁布相拼接，利用色丁布的牵制性来解决，利用面料的性能，反弊为利，从而使服装得到特殊的外观风格，令人耳目一新。辅料也同样运用弹性辅料，如0.5的透明弹力带、尼龙弹力线。款式设计上突出面料悬垂的特性，从而制造出悬垂的古典造型。

舒适结合钉珠——钉珠的运用让原本简单的服装立刻闪亮起来，但家居服在时尚的同时一定要舒适，利用暗扣、搭扣等小辅料，从而解决了这一问题，让所有耀眼的辅料都能随意佩戴。

选用永恒的黑色加上无彩系的水钻、亚克力等装饰点缀，精致的细节、简约而不简单的设计、低调的奢华。

四、成衣

第四节 学生设计图与成衣展示

Entangled~缠
——系列

传统与反传统的纠缠。。。
保守与张扬的纠缠。。。
矛盾ing。。。

*Entangled~*缠

本设计灵感来源于吴文化中传统生命象征符号。整个设计以将形式与内涵相结合，传播中国传统文化，透视出精神追求这一时尚观念为标准，追求实用性与创新性相结合。本系列服装属于少淑女装风格，即淑女的柔美中夹杂着少女的可爱元素；适合人群为喜欢中国传统文化、喜欢少淑风格服装的现代女性；

适宜穿着季节为春夏二季；配色方案是根据吴地传统服饰的色彩，融入吴地水文化这一特色，整个系列以蓝色和白色为主色调，个别图案加入橘色咖啡色等暖色调来进行对比，表达一种年轻活跃的感觉；面料以丝绸、纱为主，服装上的图案用手绘来完成，个别图案会采用亮片、管珠、水晶扣、花边、绳线等材质与面料相结合，以再造的手法来体现生动的肌理效果。

本设计的思路是：由水到天，
逐步递进，表现一个生态的平衡，进而告诉人们破坏
了其中的哪一项都会使生态失去平衡。另外，通过
查阅资料发现吴地妇女的上衣一般是用三种不同颜
色或花纹的面料拼接而成的，因此本系列服装运用大

生命象征符号的出现，是中华古人对宇宙、自然的幻想
与渴望。人类渴望从宇宙、自然规律中找到人类的起源
、生存和发展的规律，这些思想和行为通过原始图腾、
传统器具的装饰反应出来，将充满想象和幻觉的意念通
过图形表现出来，体现出形式与内涵的完美结合。

第五节　"白水味儿"女装设计工作室2013年成衣欣赏

一、蕾丝拼接改良旗袍裙

二、针织提花改良旗袍

斜张暗花布

黑色包边

黑色树脂球形扣.

2013. 2. 18

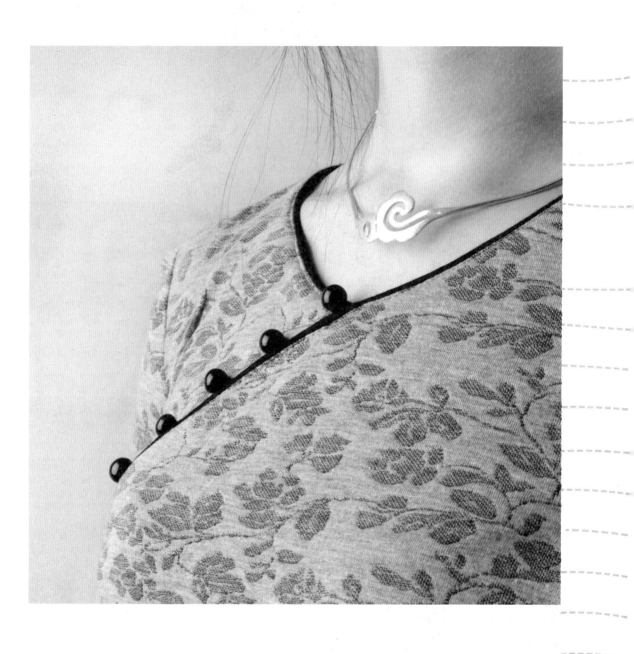

三、荷叶边领人字呢大衣

四、宝蓝色羊毛呢大衣

针织毛呢面料

宝蓝色羊毛呢

五、"记忆的原点"系列设计

附　录　世界著名服装设计师一览

设计师：时装帝国的缔造者，在接下去的几页里，我们会以时间为线索，一一介绍从19世纪晚期到现在时装业中的关键人物，并叙述他们的设计风格和代表性作品。

查尔斯·弗雷德里克·沃斯　19世纪后半叶

查尔斯·弗雷德里克·沃斯是众所周知的"服装设计之父"。他向上流社会的顾客倡导时尚趋势和新的审美观，从而革新了服装制作的惯例，而他最有名望的客户之一就是法国皇后约瑟芬（Empress Josephine of France）。沃斯在时装史上的重要意义还在于他首创了时装秀和室内模特的概念。

保罗·波烈　20世纪10年代

保罗·波烈普及了连衣裙。他的连衣裙打破了欧洲传统的束腰样式，尤其是他设计的东方风格连衣裙，成为了生机勃勃的新世纪富有创造精神的例证。波烈还通过对服装相关市场如香水、化妆品、配饰甚至是室内设计产品的投资来扩张他已经成功的时装领域。

马里亚诺·福尔图尼　20世纪10年代

马里亚诺·福尔图尼是一位多才多艺的人，他涉猎纺织品、服装、室内设计、装饰艺术、雕塑和绘画等多个方面，并且是一名多产的艺术家。他对时装最显著的贡献就是设计了那款受希腊风格影响的褶皱丝绸裙，这款裙装是由精致的手绘丝绸制成，还配了一件天鹅绒的外套，深受女演员和贵妇的喜爱。

珍妮·朗万　20世纪20年代

珍妮·朗万（Jeanne Lanvin）是从女帽制造业开始她的职业生涯的，随后她将经营方向转向童装业。在她受到一些年轻女性的鼓舞后，将经营重心转向了女装，并在女装的设计中保留了童装的年轻化色彩和蓬勃生机。Lanvin品牌现在仍然在经营，目前是由设计师阿尔伯·艾尔贝兹（Alber Elbaz）担任艺术总监。

简·帕图　20世纪20年代

除了带给世人世界上最昂贵的香水以及快乐以外，简·帕图（Jean Patou）还以为当时的妇女们设计运动服闻名于世，这款运动服的成功是因为其满足了当时女性对独立、体育活动和健康等方面的需求。帕图的时装品牌曾聘用过卡尔·拉格菲尔德、让·保罗·高缇耶和克里斯汀·拉克鲁瓦等知名设计师。

玛德琳·维奥内　20世纪20年代至30年代

玛德琳·维奥内对于时装的巨大贡献主要体现在技术方面。维奥内设计的时装迎合了当时社会对健康身体和苗条体型普遍关注的心理，并以在作品中采取斜裁的方法而闻名。因为维奥内十分强调服装的结构，所以她摒弃了传统的纸样，而将布料直接披在模特身上进行裁剪和制作，创造出优雅的、富于流动性的艺术效果。

埃尔莎·夏帕瑞丽　20世纪20年代至30年代

埃尔莎·夏帕瑞丽没有接受过任何正统的培训，但她打破了常规创造了大量大胆的、充满想象力的服装及配饰。夏帕瑞丽富于幽默感和艺术感的设计吸引力了大量的眼球，她的灵感来自于她与艺术家萨尔瓦多·达利、克里斯汀·比亚德、让·谷克多（Jean Cocteau）组成的团体。夏帕瑞丽创作的经典的高跟鞋帽和侧边绘制着巨大龙虾的高雅礼服裙，反映出当时的超现实主义艺术运动风格。

加布里埃尔·香奈儿　20世纪20年代至60年代

加布里埃尔·香奈儿引领了20年代的流行审美趋势，将世人对华丽服饰的渴望转为对时尚、朴素、现代的服饰的需求。在20年代至30年代的成功后，Chanel品牌于第二次世界大战期间停业。到了1954年，70高龄的香奈儿东山再起，为50年代至60年代的职业女性们设计了大量造型简约的时装。

格雷夫人　20世纪30年代

格雷夫人最先迷恋的事情是雕塑，我们可以从她设计的有雕塑感的礼服中明显地体会到这一点。1936年，她开始使用真丝汗布，而这种材料在此之前从来没有在晚礼服的设计中使用过。她以自己在北非、埃及以及印度旅行中获得的灵感为西方消费者设计了许多美丽的礼服。

克莱尔·麦卡德尔　20世纪40年代至50年代

克莱尔·麦卡德尔是美国运动服装发展的奠基人物，第二次世界大战期间，法国被切断了与世界各地的联系，因而美国时装设计师第一次有了发挥他们影响力的机会。麦卡德尔在混搭样式的基础上设计了一系列方便外出、易于搭配的运动服单品。僧侣式连衣裙、家居服和紧身连衣裙是她最有名的设计。

诺曼·诺雷尔　20世纪40年代至50年代

在第二次世界大战期间，当法国切断了与美国的联系后，诺曼·诺雷尔（Norman Norell）开始崭露头角。他在美国提倡舒适且易于穿着的服装样式的基础上，发展了自己的设计，他最有名的作品就是那件覆满了小金属片的"美人鱼礼服"。诺雷尔的职业生涯持续了数十年，也使得他成为了美国时装业中的一个偶像。

克里斯托瓦尔·巴伦夏加　20世纪40年代至50年代

克里斯托瓦尔·巴伦夏加是服装剪裁和细节方面的大师，他在人体结构的基础上创造了柔软、高雅的几何造型服装。她着眼于结构，从而使用了一些非传统的织物，如饰有闪光金属片的透明丝织物和土耳其真丝。出生于西班牙的巴伦夏加将西班牙浪漫的审美风格带到了50年代的巴黎。在他的领域下，蕾丝、波列罗舞蹈服、红黑两色的搭配风格在巴黎掀起流行热潮。

克里斯汀·迪奥　20世纪40年代晚期至50年代

1947年，克里斯汀·迪奥将他具有创造性的花冠型服装介绍给一位厌战的巴黎顾客。一夜之间，时尚界转向了对丰满裙装的关注，这种裙装具有细腰、修肩的特点，而且需要使用大量的面料进行制作。迪奥通过一季又一季的作品诠释了女性的典雅。在他短暂的职业生涯中，他设计的"新样式"对时尚界造成了巨大影响。1957年，迪奥遗憾早逝。

查尔斯·詹姆斯　20世纪50年代

查尔斯·詹姆斯（Charles James）创作的晚礼服在造型和结构两方面表现出高超的技艺。每一件舞会礼服都具有无可挑剔的样式，良好地塑造了穿着者的体型，并保持了舒适感。但不幸的是，詹姆斯的个性使得他的职业生涯在达到巅峰之前就结束了。

休伯特·德·纪梵希　20世纪50年代至60年代

休伯特·德·纪梵希（Hubert de Givenchy）与奥黛丽·赫本（Audrey Hepburn）的合作使这位法国设计师的天才和重要性被掩盖。而纪梵希只是恰好为他那有名的缪斯创作了优雅和别致的时装。纪梵希因他清新、简洁但局部或细节却别出心裁的设计特征而闻名。

皮尔·卡丹　20世纪50年代至60年代

皮尔·卡丹（Pierre Cardin）因其60年代的太空时代风格的设计作品而闻名。卡丹是第一位与法国高级时装工会决裂的法国女装设计师，在他与法国高级时装工会决裂后，他迅速转向高级成衣的设计，并涉足男装与童装领域。事实上，高级成衣设计也正是今天的许多设计师所采用的运营模式。

艾米里欧·普奇　20世纪50年代至60年代

艾米里欧·普奇（Emilio Pucci）出生于意大利的贵族家庭，因为设计了他自己的滑雪用制服而被介绍进入时装圈。20世纪50年代，普奇将卡布里裤（capri pants）推向社会，其定位为女性的日常休闲装。普奇最有名的设计是他独一无二的、容易辨识的彩色印花丝绸，上面带有几何组织纹样。

安妮·克莱因　20世纪50年代至70年代

作为一名技艺精湛的纽约设计师，安妮·克莱因（Anne Klein）拥有一个漫长的职业生涯，她设计了一系列简单、耐用的混搭服装，满足了年轻职业女性的需求。安妮·克莱因还是开创仓储式服装商店的第一位设计师，当时的仓储模式是，大部分的百货商店专门辟出底楼的部分空间来储存克莱因的货物，这种仓储模式在今天也是一种服装经营的标准惯例。

伊夫·圣·洛朗　20世纪50年代至80年代

只有极少数的设计师能够诠释20世纪后半叶堂吉诃德式的荒诞和幻想，伊夫·圣·洛朗（Yves Saint Laurent）是其中之一。纵观他的职业生涯，他曾经使得妇女对待时尚的态度发生变化，并随之改变了她们在社会中的地位。20世纪60年代，他促使女裤的合法化，使高级服装也接受实用的功能性，并使时尚的目光开始关注不同的民族。可以说，圣·洛朗为其他人的发展铺平了道路。

帕高·拉邦纳　20世纪60年代

帕高·拉邦纳（Paco Rabanne）的设计风格深受建筑、太空时代和珠宝制造工艺的影响。他的设计结合了金属拉链、塑料光盘，因而具有图像学意义上的独特性。拉邦纳还总是使用独一无二的非常规材料，运用特殊的生产工艺，他的这些行为影响了后来许多的设计师们。

安德鲁·库雷热　20世纪60年代

安德鲁·库雷热展现了太空时代的魅力，因为他为整整一代人建构了干净的、几何构成的未来主义风格的服装。虽然库雷热与同一时期的设计师玛丽·匡特都要求推广迷你裙，但他们的设计美学观是不同的。库雷热早期接受的是建筑师的培训，从他为巴伦夏加工作时所设计的严格的色块分割和现代比例的服装中，我们可以看到建筑对他的影响。

玛丽·匡特　20世纪60年代

玛丽·匡特（Mary Quant）是与60年代的"年轻风暴"联系最紧密的设计师之一。因为匡特明白第二次世界大战之后的年轻女性们不再以她们的母亲作为自己学习的目标，因此她不但推广了迷你裙（和法国设计师安德鲁·库雷热一起）、跳摇摆舞穿的靴子、平跟鞋、紧身衣以及印有几何图形的面料，还引入了维达·沙宣（Vidal Sassoon）设计的短蘑菇头发型。

鲁迪·葛雷奇　20世纪60年代

鲁迪·葛雷奇（Rudi Gernreich）的设计深受20世纪60年代的现代舞和性解放运动的影响，因为他早年接受过现代舞的训练。他的服装将关注点放在了一种舒缓的节奏和戏剧性的外观上，但强调的是性解放以及自由。葛雷奇还对60年代的政治、文化潮流感兴趣，例如未来主义、两性平等和理想美。

乔治·德·圣安吉洛　20世纪60年代至70年代

在戴安娜·弗里兰（Diana Vreeland，20世纪60年代Vogue杂志有影响的时装编辑）看到乔治·德·圣安吉洛（Giorgio de Sant'Angelo）设计的华美珠宝后，将他引荐进了时尚圈。圣安吉洛为60年代早期的Vogue设计造型，并于1966年开始自己第一个系列的设计。他的设计风格受到民族、异国情调的多重影响。他最具代表的作品以"吉普赛"风格为特征，灵感来自于美国土著。

保尼·卡什　20世纪60年代至70年代

保尼·卡什（Bonnie Cashin）是一位心灵解放且值得关注的设计师，她设计的服装为女性创造了一种有活力的生活方式。她的服装最基本的特点就是穿着舒适，能够轻松地进行运动。虽然她的服装采用的是分层、宽大的设计且造型出众，但整体看起来还是相当协调的。卡什还因为她将锁扣和皮革与羊毛织物搭配使用而闻名。

奥西·克拉克　20世纪60年代至70年代

这是伦敦切尔西常见的情景，奥西·克拉克（Ossise Clark）通常与他的妻子合作进行设计，他采用他妻子设计的华丽花样的织物作为装饰，从而创作一系列有趣的、异想天开的服装。克拉克受30年代斜裁礼裙的影响，而他的新演绎又制造了主流趋势。克拉克为米克·贾格尔（Mick Jagger）以及贾格尔的女性支持者们设计服装，他的客户还包括那一时期的其他几个摇滚明星。

瓦伦蒂诺　20世纪60年代至21世纪早期

对于许多女性来说，瓦伦蒂诺（Valentino）诠释了20世纪后半叶所谓的"有教养的高雅"。女演员和社交名媛都会定期穿着他引人注目的晚礼服去参加颁奖典礼或慈善晚会，并且最常选择他的标志性的"瓦伦蒂诺红"。

索尼亚·里基尔　20世纪60年代至今

这位"针织女王"几乎只进行针织服装的设计，她为60~70年代的女性提供了舒适且性感的服装。因为"穷男孩"上衣以及针织短裤的流行，索尼亚·里基尔（Sonia Rykiel）成为法国代表舒适和实用的现代风格的时尚偶像。

卡尔·拉格菲尔德　20世纪60年代至今

作为一位多产和直觉敏锐的设计师，卡尔·拉格菲尔德（Karl Lagerfeld）的影响力遍及时装业的方方面面。拉格菲尔德的天赋来自于对后现代主义的真实感知，即对融合所有可能的风格的感知。他为众人所知，是他与Chanel品牌的合作，他通过将Chanel品牌有名的商标与街头时尚以及一种青年视角结合起来，使这个传统的品牌焕发出现代化且富有活力的新面貌。

豪斯顿　20世纪70年代

豪斯顿（Halston）的服装着重于简洁的、使人愉悦的结构设计，并适合不同体型的人穿着，这对70年代的美国运动服设计产生了很大的影响。豪斯顿服装一般都是单色的，也不使用奢华的面料，造型修长纤细。他通过与众多不同名人建立合作的方式，如通过参观Studio 54录音室等，来巩固他的形象和知名地位。

斯蒂芬·伯罗斯　20世纪70年代

斯蒂芬·伯罗斯（Stephen Burrows）是因其设计的一款无光泽真丝雪纺运动衫而广为人知的，这款运动衫有着生动的色彩和柔软紧身的造型。他设计的裙子常常是不对称的，并且裙摆的"莴苣边"细节是他的设计特点。

比尔·布拉斯　20世纪70年代至80年代

20世纪的美国给人的印象是：井然有序、有教养且具有高雅的魅力。比尔·布拉斯（Bill Blass）作为美国最优秀的设计师之一，更是加深了大众对美国的这一印象。布拉斯还开发了多种服装路线，使其能够满足女性生活方方面面的不同需求。

伊曼纽尔·温加罗　20世纪70年代至80年代

伊曼纽尔·温加罗（Emanuel Ungaro）在面料印染的处理方式上与众不同，而且他设计的面料图案和色彩的搭配方法也让人惊异。他的服装风格是娇柔和高雅的，但也因色彩、面料和图案的搭配而带有幽默的情趣。

高田贤三　20世纪70年代至80年代

高田贤三（Kenzo Takada）是移民法国的最好的日本设计师之一，他是70年代早期法国时装界寻求新鲜"视角"的例子。他的作品以趣味性和造型结合图案、印花和大胆的色彩而闻名。

杰弗里·贝尼　20世纪70年代至80年代

杰弗里·贝尼（Geoffrey Beeene）是美国时装业的创新者和反叛者。作为曾经的医学专业学生，贝尼总是将他的关注点放在造型的立体构成以及如何围绕女性的身体进行塑型上。贝尼作品的特征常常是通过使用非传统的织物来创造具有几何感的造型，并以三角形作为服装的主题，用积极或消极的方式去展现人体。

佩里·埃利斯　20世纪70年代至80年代

佩里·埃利斯（Perry Ellies）最初是一名商人，因此成为时装设计师之后的埃利斯也常常紧密关注服装界的所有主要市场以及时装的零售部分。佩里·埃利斯还是美国经典服装发展过程中一名不可或缺的人物，那时的美国女性逐渐承担起了劳动者的角色，因而埃利斯抓住时机为她们提供了便于搭配的日常服装。

米索尼　20世纪70年代至80年代

米索尼（Missoni）的针织服装有着独一无二的图形和完美的色彩，它们使得这一品牌很容易就被认出并受大众欢迎。耐用和设计巧妙的服装满足了女性们一直寻求的东西：与众不同的服装，但又具有职业生活所需要的功能性。

让·查尔斯·德·科斯特巴杰克　20世纪70年代至80年代

让·查尔斯·德·科斯特巴杰克（Jean-Charles de Castelbajac）使用了普通的或日常的元素如睡袋、毛毯或泰迪熊来创造与众不同的设计作品，成为70年代的流行。他的风格是一种不羁的幽默，这使得他的服装是因为艺术而设计，而不是因为需要而设计。

詹姆斯·加拉诺　20世纪70年代至80年代

詹姆斯·加拉诺（James Galanos）是在工艺、细节和价格方面都体现出高级女装品质的美国设计师。他只设计了极少数的礼服。20世纪80年代，当南希·里根（Nancy Reagan）选择他设计的礼服参加总统就职典礼后，他的知名度进一步提高。

三宅一生　20世纪70年代至90年代

三宅一生（Lseey Miyake）通过服装将艺术与时尚结合起来，因而这样的服装也轻松地具备了实用性和吸引力。三宅还将他感兴趣的东方建筑形式、西方审美以及在织物上的革新实验在设计品中结合起来。三宅一生最著名的作品是使用了建筑感褶皱面料的"我要褶皱"（Pleats Please）系列，并提出了"一块布就能制成一件衣服"（APOC）的概念。

卡尔文·克莱因　20世纪70年代至90年代

卡尔文·克莱因（Calvin Klein）是一位机敏的商人和市场营销人员，他从一种全新角度来考虑宣传和开拓市场，从而将整个纽约的时装业都向前推进了一步。克莱因的服装广告总是具有争议——广告中会出现不同级别的裸露或直接的性表现。卡尔文的服装具有传统的美国经典服装的许多特征，他还常常通过市场竞争来提升品牌的魅力和神秘感。

奥斯卡·德拉伦塔　20世纪70年代至今

奥斯卡·德拉伦塔（Oscar de la Renta）因其浪漫的、装饰有褶边的晚装而闻名，他的晚装设计灵感来自于他在明尼加的教育经历和他在西班牙及法国的实践。他是第一位获得在巴黎举办时装秀荣誉的美国人。

乔治·阿玛尼　20世纪70年代至今

乔治·阿玛尼（Giorgio Armani）于1974年开始了他作为一名男装设计师的生涯，而次年又开始了自己的女装系列设计。众所周知，阿玛尼的服装以简洁的剪裁而闻名于世，阿玛尼套装在80年代就已然是身份和权力的象征。至今阿玛尼套装仍然是Armani品牌经营的重心。该品牌与好莱坞电影明星合作，在男女明星走红地毯的时候进行展示。

维维安·韦斯特伍德　20世纪70年代至今

维维安·韦斯特伍德（Vivienne Westwood）漫长的职业生涯深受流行文化、历史相对论和强烈的妇女独立思想的影响。她于20世纪70年代开办服装商店开始自己的设计生涯，随后她创建了自己的品牌。她使用的主题有浪漫的海盗、18～19世纪的贵族以及电子战士等，但她从来没有将自己的关注点放在自信、性感的女性身上。

斯蒂芬·斯普劳斯　20世纪80年代

斯蒂芬·斯普劳斯（Stephen Sprouse）是纽约市区的重要人物。他常常使用流行文化作为自己创作的元素，如60年代至80年代的音乐文化、涂鸦，以及安迪·沃霍尔（Andy Warhol）、基思·哈琳（Keith Haring）和巴斯奎特（Basquiat）的艺术品。

蒂埃里·穆勒　20世纪80年代

蒂埃里·穆勒（Thierry Mugler）从后现代和地下时尚，如性恋物（恋物癖）、夜店、科幻片和好莱坞海报中汲取灵感，加上他舞蹈背景的影响，穆勒创造了一种戏剧性的风格。穆勒为自信的女性们设计了一系列前卫的、剪裁精良的服装。这些服装有类似铠甲的造型：夸张的肩部、宽厚的臂部以及细腰。

克劳德·蒙塔纳　20世纪80年代至90年代早期

克劳德·蒙塔纳（Claude Montana）是20世纪80年代和90年代早期的全能设计师，他创造了具有高度建筑学特征的服装，这些服装都有宽大的肩部、厚重的金属制纽扣和装饰，以及贴身短裙。蒙塔纳设计的理想女性都是强壮、有力和慑人的，这也是许多女性在职场中试图更上一层楼而改变形象时试图寻求的新造型。

阿瑟丁·阿拉亚　20世纪80年代至90年代

阿瑟丁·阿拉亚（Azzedine Alaia）创造了一种"超紧身性感"的风格，这种风格非常鲜明，它象征着女性的力量。他通过使用丰满肉感的女性形象如蒂娜·特纳（Tina Turner）、拉奎尔·韦尔奇（Raquel Welch）和格雷斯·琼斯（Grace Jones），去展示他设计的结构式针织裙，这也成为了大众对于20世纪80年代的印象之一。

詹尼·范思哲　20世纪80年代至90年代早期

詹尼·范思哲（Gianni Versace）因其明快、艳丽的服装而闻名，他采用魅力的丝绸、皮革和针织面料，展现出一种摇滚风格。他通过运用有明亮色彩的印花来表达希腊、罗马以及装饰艺术时期（aetdeco）的主题，或者运用时装品牌的徽章——美杜莎的头像来作为服装图案。范思哲常和名人合作，这些名人包括艾尔顿·约翰（Elton John）和伊丽莎白·赫利（Elizabeth Hurley）。

罗密欧·吉利　20世纪80年代至90年代早期

罗密欧·吉利（Romeo Gigli）的设计避开了时下流行时尚的魅力诱惑，而创造了他自己的理想典范和独特的视觉效果。吉利总是依靠富有珠光色的色调并带给人肉欲感的纺织品，使大众仿佛回到了文艺复兴以及拜占庭时代，但他设计的浪漫造型和茧形大衣又使服装具有显著的现代感。

拉夫·劳伦　20世纪80年代至今

拉夫·劳伦（Ralhn Lauren）是一个公认的销售天才，因为他发展出了一种受人瞩目的品牌象征，这种现象的核心实质就是大众渴望的传统经典形象。劳伦活跃于20世纪80年代后，在他的影响下人们纷纷接受了常春藤联盟（Ivy League）式的学生形象。他不断地运用来自于土著文化、西部荒野和早期好莱坞等的美国符号和灵感，获得了极大的商业成功。

让·保罗·高缇耶　20世纪80年代至今

让·保罗·高缇耶（Jean-Paul Gaultier）对时装界不朽的贡献是他对性别角色的审思以及采用不同文化、信仰作为创作灵感。高缇耶的设计使女性感到强壮、有力而非性感，但在男装的设计方面，他却创造出了显现美丽、性感，甚至具有女性柔美特质的男装风格。

川久保玲　20世纪80年代至今

在巴黎时装周的发布会中，川久保玲（Rei Kawaku-bo）就是一位"时装的哲学家"，她也是20世纪70年代晚期，引入解构美学风潮的主要倡导人之一。她设计的服装表现出对形象、身体以及性吸引的深刻理解，她还在持续不断地挑战服装造型、面料和外观的效果。

山本耀司　20世纪80年代至今

山本耀司（Yohji Yamamoto）常常使用违背人体结构、对称性或时尚趋势的黑色面料。为了更好地表达传统概念与性感的冲突，山本耀司努力通过戏剧性的造型来创造美和精神。他目前最有名的作品是与Adidas合作生产的Y3运动服装。

唐娜·凯伦　20世纪80年代至今

唐娜·凯伦（Donna Karan）在20世纪80年代为总是思虑打扮的职业女性们创造了一次有意义的变化。作为经营者本人，凯伦设计了一套职业装行头。套装将关注点放在生活的必需要素上，能全天穿着并保持舒适，这套并不局限于男性的套装目前仍在出售。但凯伦也是一位性感女装的支持者，这与她大量使用裁切线设计的运动服装形成反差。

马丁·斯特本　20世纪80年代至今

马丁·斯特本（Martine Sitbon）在20世纪80年代声名卓著，她担任了Chloe品牌的设计师，20世纪90年代她拥有了自己的品牌，到了千禧年时她又与Byblos品牌合作。斯特本以男装元素为基础，将柔软的结构域性感的色彩以及来自音乐文化的灵感结合起来，形成了自己的独特风格。

克里斯汀·拉克鲁瓦　20世纪80年代至今

纵观克里斯汀·拉克瓦鲁（Christian Lacroix）的整个职业生涯，他已然成为了奢侈时装的象征。他最开始是作为Patou品牌的设计师而进入时尚圈的，因设计具有厚圆形臂部的裙子而在崇尚奢华的20世纪80年代广受欢迎。拉克鲁瓦特续地痴迷于鲜亮的颜色和华丽的面料，还常常采取非常具有装饰性的设计方式去呈现他的作品。

马克·雅克布　20世纪80年代至今

马克·雅克布（Marc Jacobs）是今天最具有争议和影响力的美国设计师。雅克布在他的早期职业生涯中为派瑞·艾力斯（Perry Ellis）创作了有名的垃圾摇滚系列时装，这是他"坏名声"的由来。这一系列服装设计的灵感来自于20世纪90年代的后朋克音乐。在随后的时光中，雅克布开始变得越来越受欢迎，他也由此成为了路易·威登（Louis Vuitton）在巴黎的设计总监。

缪西亚·普拉达　20世纪90年代至今

缪西亚·普拉达（Miuccua Prada）成功地将Prada这个意大利高级奢侈皮革公司打造成为时尚帝国中具有领导性的品牌，这个品牌最初由她的祖父成立。普拉达创造的时尚常常推翻丑陋与高雅的概念，她不断地致力于创造无法被十大女性轻易界定的时装。普拉达一开始就是无目的地使用面料或观念，因为她讨厌由面料或观念带来的固有概念。

Gucci/汤姆·福特　20世纪90年代至21世纪初

Gucci最早是一家意大利的奢侈皮革产品公司，它一直在时装界默默无闻，直到20世纪90年代汤姆·福特（Tom Ford）加入这家公司后才有所改观。1995年，Gucci和汤姆·福特因为稳定的声名以及社会名流的拥护而扩大规模。汤姆·福特将20世纪70年代充满自信的服装造型与当下性感的曲线结合了起来。

吉尔·桑达　20世纪90年代至21世纪初

吉尔·桑达（Jil Sander）是开始于20世纪90年代的极简主义思潮的领导者之一，她偏好采用单色，并且尽可能地减少缝合和细节。她设计的无衬里的、肩部线条柔和的夹克受到广泛推崇，这是因为她抓住了20世纪90年代的潮流——当时的女性们在经历了火焰般的80年代后开始对温和的唯物主义产生兴趣。

海尔姆特·朗　20世纪90年代至21世纪初

作为20世纪90年代极简主义运动的领导之一，海尔姆特·朗（Helmut Lang）的设计特点是使用单色块的结构形式以及高技术的纤维织物。朗常常使用大胆的几何外观、坚硬的造型、实用的细节和透明的面料，为男人和女人来制作军服般的、可供两性共同使用的服装。

保罗·史密斯　20世纪90年代至今

保罗·史密斯（Paul Smith）最初是一名男装设计师，他为那些想打破传统三件式套但仍然需要显示出职业感的男性设计服装。史密斯使用明亮、大胆的色彩配以经典造型。1998年，他开始女装系列的设计，并在世界范围内经营自己的服装零售店。

马丁·马吉拉　20世纪90年代至今

马丁·马吉拉（Martin Margiela）对这一时期的时装界有很大的影响，他是安特卫普六君子之一。他总是视时装为一种哲学的追求，借助解构主义等非理性概念或对于美的非常规认识来进行工作。他忽视潮流，更乐于重构已经存在的想法，直到它们在自己的艺术创作过程中被探讨彻底。

Dolce&Gabbana　20世纪90年代至今

意大利设计师多米尼克·杜嘉（Domenico Dolce）和斯特凡诺·班纳（Stefano Gabbana）经常使用意大利的经典符号和具有争议性的广告推广他们的品牌。Dolce&Gabbana品牌一开始就以西西岛的传统样式作为借鉴的对象，因而他们常常使用豹纹印花、束腹和红或黑底色等元素来制作贴身、性感的服装。

迈克尔·科尔斯　20世纪90年代至今

迈克尔·科尔斯（Michael Kors）因其设计的美国经典休闲装而发展出了一批忠实的追随者。他通过采用轻快的曲线而创造了耐用和舒适的服装。而这种轻快的曲线来源于独特的美式主题，如棕榈滩和阿斯彭滑雪场。科尔斯还经常在运动装设计中使用鲜明的平面图形和驼色、灰色、黑、白等色彩。

伊萨克·米兹拉稀　20世纪90年代至今

伊萨克·米兹拉稀（Isasc Mizrahi）的设计受到两类女性极大的影响：20世纪50年代的好莱坞女演员和理性的纽约女性。他的服装明快愉悦但从不孩子气，并与简单的造型、独特的色彩和面料结合起来。米兹拉稀因为他的记录电影《拉链拉下来》和超具魅力的个性而成为众所周知的设计师。

德赖斯·范·诺顿　20世纪90年代至今

作为安特卫普六君子之一，德赖斯·范·诺顿（Dries Van Noten）将自己定义为与其他五位来自比利时的设计师截然不同的设计师。范·诺顿的作品常常将印度、中东、欧洲的宫殿造型、色彩和印花等元素融合在一起，形成鲜明的个人风格。

安·迪穆拉米斯特　20世纪90年代至今

作为安特卫普六君子之一，安·迪穆拉米斯特（Ann Demeulemeester）的设计有着严格的色彩配比，但核心色彩常常是黑色。她的服装是对两个对立面的展示，即男装的随行线条与柔和、浪漫主义特质之间的对比。她常常将歌唱家帕蒂·史密斯（Patti Smith）作为她创作的灵感和缪斯。

约翰·加里亚诺　20世纪90年代至今

约翰·加里亚诺（John Galliano）的服装因对历史的赞颂而闻名，他的服装辉煌绚丽、花费昂高而且总是织造出强烈的轰动效应。除了担任Dior品牌的设计师，加里亚诺还创建有自己的品牌。他的设计重心在于具有非凡魅力、历史意义以及精致工艺的晚装，而这也使他在时下的时尚帝国里"恶名昭著"。

阿尔伯特·菲尔蒂　20世纪90年代至今

阿尔伯特·菲尔蒂（Alberta Ferrtti）所设计的一系列色彩丰富的日常礼服，灵感源于她的意大利血统。她因其女性化的细节设计而闻名，并在富豪名流中拥有一批忠实的拥护者。

亚历山大·麦奎恩　20世纪90年代至今

亚历山大·麦奎恩（Alexander McQueen）一直以来具有争议，并受到时尚界的广泛关注。他将反叛时装和美的观点与惊人的缝纫技术结合了起来，这种技术是她在伦敦萨维尔街当学徒时学到的。麦奎恩还运用了一名表演者和时装历史学家的眼光，创造出了T台的戏剧性效果，从而改变了时装的发展方向。

弗朗西斯科·科斯塔　20世纪

弗朗西斯科·科斯塔（Francisco Costa）因其简练、平面化和实验性的风格而闻名，也由此改变了Calvin Klein 品牌的形象。科斯塔使用多种色彩，其中有由柑橘类植物的酸性部分制作而成的珍珠白色和深黑色，但他在作品中还是保留了品牌创建者克莱因发展的建筑式美学。科斯塔常常革新造型并开发一些未来主义的面料和纹样，这都形成了独特的品牌风格。

斯特拉·麦卡特尼　21世纪

即使在斯特拉·麦卡特尼（Stella McCartney）成为Chloe品牌的设计总监之后，前披头士成员保罗·麦卡特尼爵士（Sir Paul McCartney）女儿的身份仍然是大众认识她的缘由。2001年，她加入Gucci 团队以期获得与自身齐名的声望。她更为出名的是在动物权利保护方面直言不讳的观点，她设计了一系列有独特动植物图案的服装，深受年轻消费者的喜爱。

纳西索·罗德里格斯　21世纪早期

纳西索·罗德里格斯（Narciso Rodriguez）获得国际性的声名是因为他为约翰·F.肯尼迪（John F.Kennedy）的未婚妻卡洛琳·贝西特·肯尼迪（Carolyn Bessette Kennedy）设计了简洁但高雅的结婚礼服。罗德里格斯最初为卡尔文·克莱因工作，这正是他极简主义风格的来源。他会采用单纯的色彩、精确的裁剪和结构细节，并为服装的耐穿性提供了新的观点。

Proenza Schouler　21世纪初

虽然他们都很年轻，但设计师扎罗·赫南德斯（Lazaro Hernandez）和杰克·麦克洛（Jack McCoullough）已然证明了他们作为一个设计团队所具有的发展潜力。这个具有创造力的二人组从一个新鲜的视角去达成他们自己独特的风格和文化认知，这也为他们在时装界赢得了荣誉和声望。

尼古拉斯·盖斯基耶　21世纪初

尼古拉斯·盖斯基耶（Nicolas Ghesquiere）常常被描述成一个未来主义者，因为他总是在廓形、色彩、面料和结构等方面进行试验，以此不断创造出在服装式样、设计观念等方面有创新风格的服装。自1997年起，26岁的盖斯基耶就开始在Balenciaga旗下工作了，在那里他采用一种独一无二的的未来主义方式对大师的设计进行严密的审思并对品牌理想进行阐释。

侯赛因·卡拉扬　21世纪初

侯赛因·卡拉扬（Hussein Chalayan）是一位艺术家、哲学家和具有有革命性、实用性精神的服装设计师。卡拉扬忽视趋势，他将服装、戏剧演出式的T台秀和音乐完美结合成一个完整的具有抽象意义的表演。作为一名观念设计师，他的灵感总是引自书本，是一位对思想的兴趣远胜于草图本的典范。

渡边淳弥　21世纪初

作为川久保玲的学生之一，渡边淳弥（Junya Watanabe）因精通服装结构和采用新型面料而闻名。他总是为他的设计选择一个主题，并常用解构和重构的手法展现出一系列令人惊叹的效果。

薇洛妮克·布兰奎诺　21世纪初

薇洛妮克·布兰奎诺（Veronique Branquinho）设计的服装具有微妙柔和的色彩，而且她将具有男性气质的结构和具有柔和女性气质的褶裥、纹理巧妙地进行了融合，这些特点为她赢得了广泛的声誉。

Vikor&Rolf　21世纪早期

荷兰设计师维克多·霍斯廷（Viktor Horsting）和罗尔夫·斯诺伦（Rolf Snoeren）反复挑战时装业的现状并不断探究创新服装的面料、造型和穿着性能。他们运用的超现实主义和概念化的世纪方法使得他们成为了许多书籍讨论的焦点，他们在画廊和美术馆的展出更是强调了艺术与时装之间的联系。

参考
文献

[1] 史蒂文·费尔姆. 国际时装设计基础教程. 陈东维译. 北京：中国青年出版社，2011

[2] 史蒂文·费尔姆. 国际时装设计基础教程2. 曹帅译. 北京：中国青年出版社，2012

[3] 西蒙·卓沃斯–斯宾塞，瑟瑞达·瑟蒙. 时装设计元素：款式与造型. 董雪丹译，北京：中国纺织出版社，2009

[4] 安妮特·费舍尔. 时装设计元素：结构与工艺. 刘莉译. 北京：中国纺织出版社，2010

[5] 西蒙·希弗瑞特. 时装设计元素：调研与设计. 袁燕，肖红译. 北京：中国纺织出版社，2009

[6] 艾丽诺·伦弗鲁，科林·伦弗鲁. 时装设计元素：拓展系列设计. 袁燕，张维毅译. 北京：中国纺织出版社，2010

[7] 杰妮·阿黛尔. 时装设计元素：面料与设计. 朱方龙译，北京：中国纺织出版社，2010

[8] 袁利，赵明东. 突破与掌控——服装品牌设计总监操盘手册. 北京：中国纺织出版社，2008